特效养颜
蔬果汁280例

甘智荣 主编

江苏凤凰科学技术出版社

图书在版编目（CIP）数据

特效养颜蔬果汁 280 例 / 甘智荣主编 . — 南京 : 江
苏凤凰科学技术出版社 , 2015.7（2019.11 重印）

（食在好吃系列）

ISBN 978-7-5537-4232-8

Ⅰ . ①特… Ⅱ . ①甘… Ⅲ . ①果汁饮料 – 制作②蔬菜
– 饮料 – 制作 Ⅳ . ① TS275.5

中国版本图书馆 CIP 数据核字 (2015) 第 049005 号

特效养颜蔬果汁280例

主　　　编	甘智荣	
责 任 编 辑	樊　明　葛　昀	
责 任 监 制	方　晨	

出 版 发 行	江苏凤凰科学技术出版社
出版社地址	南京市湖南路 1 号 A 楼，邮编：210009
出版社网址	http://www.pspress.cn
印　　　刷	天津旭丰源印刷有限公司

开　　　本	718mm×1000mm　1/16
印　　　张	10
插　　　页	4
版　　　次	2015年7月第1版
印　　　次	2019年11月第2次印刷

标 准 书 号	ISBN 978-7-5537-4232-8
定　　　价	29.80元

图书如有印装质量问题，可随时向我社出版科调换。

前言　Preface

　　不管是俗话里的"一白遮三丑"还是书里描写的"肌肤胜雪"，都在告诉我们一个现实：要想做一个真正的美女，美白很重要。而中国女性从古至今对美白的追求也从未断过，从古代的胭脂水粉到今天的遮瑕膏、粉底、散粉、定妆粉、粉饼等，林林总总的粉饰家族不停地出现在广大女性的梳妆台上。其实，美白就像治病，治标不如治本，只有把内在肤质调理好，根治影响美白的罪魁祸首——黑色素，肌肤才能展现真正由内而外的自然美白光彩。

　　黑色素是存在于每个人皮肤基底层的一种蛋白质。紫外线的照射会令黑色素产生变化，生成一种保护皮肤的物质，而后黑色素又经由细胞代谢的层层移动，到了肌肤表皮层，形成了表面能看到的色斑和肤色不匀等皮肤问题。所以，美白也是一个由内而外的护理工程。选对一套适合自己的美白产品固然重要，但真正的美白应该是从人体的内脏排毒开始，一个人的内脏有多干净，外表就有多漂亮。因此，要想美白养颜，最好从清理内环境开始，每天喝一杯营养健康的蔬果汁，能让您的美白计划事半功倍。

　　果蔬的主要成分正是人体所必需的一些维生素、无机盐及植物纤维，蔬果中蛋白质和脂肪的含量也比较少。在当今社会，随着人们生活水平的提高，吃的主食中脂肪及蛋白含量较高，这样不但增加了人体器官的负担，也使人们的体重无形中大大增加，体形变得臃肿，便秘、色斑、免疫力低下等问题也接踵而来，再加上工作、生活的各种压力，熬夜、加班、不合理的饮食习惯等，让人形色憔悴、容颜失华，这对爱美的女士来说的确是一个打击。那么，在繁忙的工作之余应该如何呵护身体，让自己及家人拥有健康的身体、充沛的活力以及白里透红的好气色呢？

　　除了合理的养生膳食之外，蔬果汁作为一种集保健、食疗、美容为一体的综合性饮品，已经走入了现代人的生活。天然蔬果蕴含神奇的能量，其含有大量的蛋白质、维生素、膳食纤维、脂肪等物质，每天一杯健康、新鲜的蔬果饮品，不仅能补充身体所需营养，还能帮助改善体质、消除疲劳、美白护肤、养颜瘦身。而且蔬果中某些特殊的营养成分还会提高人体对疾病的抵抗力及免疫力，减少疾病对人体的侵害。

　　本书详细介绍了蔬果汁的基本做法、制作蔬果汁的关键点、利用各种工具制作蔬果汁的方法、制作蔬果汁所需食材介绍以及改善、预防各种症状的蔬果汁，让您在家就能轻松享用美白养颜的天然蔬果汁。

目录 Contents

第一章
祛斑美白水果汁

第二章
排毒养颜蔬菜汁

第三章
抗皱护肤蔬果汁

自制蔬果汁必备工具

要想制作出营养鲜美的蔬果汁，离不开榨汁机、搅拌棒等"秘密武器"，这些"秘密武器"您都会用了吗？在榨汁工具的使用过程中，还要注意哪些问题呢？在这里，我们就把一些经常会用到的榨汁工具给大家做个介绍。

榨汁机

榨汁机是一种可以将水果蔬菜快速榨成果蔬汁的机器，小型可家用。

配置：主机、一字刀、十字刀、高杯、低杯、组合豆浆杯、盖子、口杯4个、彩色环套4个。

功用：榨汁、搅拌、切割、研磨、碎肉、碎冰等。

使用方法：

1. 把原料洗净后，切成可以放入给料口的大小。
2. 放入原料后，将杯子或容器放在饮料出口下面，再把开关打开，机器开始运作，同时用挤压棒往给料口挤压。
3. 纤维多的食物应直接榨取，不要加水，采用其原汁即可。

使用注意：

1. 不要直接用水冲洗主机。
2. 在没有装杯之前，不要用手触动内置式开关。
3. 刀片和杯子组合时要完全拧紧，否则会出现漏水及杯子掉落等情况。

清洁建议：

1. 如果只用榨汁机榨了蔬菜或水果，则用温水冲洗并用刷子清洁即可。
2. 若用榨汁机榨了油腻的东西，清洗时则需在水里加一些洗洁剂，转动数回就可洗净。无论如何，榨汁机用完之后应立刻清洗。

选购榨汁机的诀窍：

1. 机器必须操作简单、便于清洗。
2. 转速一定要慢，至少要在100转/分以下，最好是70～90转/分。
3. 选用手动的，电动的营养流失较严重。

果汁机

最优特色：

香蕉、桃子、木瓜、芒果、香瓜及西红柿等含有细纤维的蔬果，最适合用果汁机来制果汁，因为会留下细小的纤维或果渣，和果汁混合会变得浓稠，使果汁不但美味而且具有口感。含纤维较多的蔬菜及水果，也可以先用果汁机搅碎，再用筛子过滤。

使用方法：

1. 将原料的皮及籽去除，切成小块，加水搅拌。
2. 原料不宜放太多，要少于容器的1/2。
3. 搅拌时间一次不可超过2分钟，如果搅拌时间较长，需休息2分钟，再开始操作。
4. 冰块不可单独搅拌，要与其他原料一起搅拌。
5. 原料投放的顺序应为：先放切成块的固体原料，再加液体原料搅拌。

清洁建议：

1. 使用完后应立即清洗，将里面的杯子拿起泡过水后，再用大量水冲洗、晾干。

2. 里面的钢刀，需先用水泡一下再冲洗，最好使用棕毛刷清洗。

3.压汁机

适合用来制作柑橘类水果的果汁，例如橙子、柠檬、葡萄柚等。

使用方法：

水果最好横切，将切好的果实覆盖其上，再往下压并且左右转动，即可挤出汁液。

清洁建议：

1. 使用完应马上用清水清洗，而压汁处因为有很多缝隙，需用海绵或软毛刷清洗残渣。

2. 清洁时应避免使用菜瓜布，因为会刮伤塑料，容易让细菌潜藏。

4.搅拌棒

搅拌棒是让果汁中的汁液和溶质能均匀混合的好帮手，不必单独准备，可用家中常用的长把金属汤匙代替。果汁制作完成后倒入杯中，用搅拌棒搅匀即可。

清洁建议：

搅拌棒使用完后立刻用清水洗净、晾干。

选购诀窍：

搅拌棒经常和饮品接触，表面光滑的容易清洁，质量佳的也可反复使用。选购时宜选择制作工艺佳、材质耐热的搅拌棒。

5.磨钵

最优特色：

适合于用包菜、菠菜等叶茎类食材制作蔬果汁时使用。此外，像葡萄、草莓、蜜柑等柔软、水分又多的水果，也可用磨钵制成果汁。

使用方法：

首先，要将原料切细，放入钵内，再用研磨棒捣碎、磨碎之后，用纱布包起将其榨干。在使用磨钵时，要注意将原料、磨钵及研磨棒上的水分拭干。

清洁建议：

用完后，立即用清水清洗并擦拭干净。

6.砧板

塑料砧板适合切蔬果类。切蔬果和肉类的砧板最好分开使用，除了可防止食物细菌交叉感染外，还可防止蔬果沾染上肉类的味道。

清洁建议：

1. 塑料砧板每次用完后要用海绵沾漂白剂清洗干净并晾干。

2. 不要用太热的水清洗，以免砧板变形。

3. 每星期要用消毒水浸泡砧板一次，每次浸泡1分钟，再用大量温开水冲洗净、晾干。

选购诀窍：

选购砧板应本着耐用、平整的原则，并注意以下几点：

1. 看整个砧板是否完整，厚薄是否一致，有没有裂缝。

2. 塑料砧板是近几年出现的新产品，要选用无毒塑料制成的。

榨蔬果汁注意事项

榨蔬果汁前一定要做好各种准备工作，尤其要懂得如何挑选新鲜的蔬菜和水果，以及如何清洗和保存蔬菜和水果，懂得了这些，才能榨出鲜美的蔬果汁。

1.正确挑选蔬菜和水果

挑选蔬菜首先要看它的颜色，各种蔬菜都具有本品种固有的颜色、光泽，显示蔬菜的成熟度及鲜嫩程度。新鲜蔬菜不是颜色越鲜艳越好，如购买豆角时，如发现它的绿色比其他的蔬菜还要鲜艳时要慎选。其次要看形状是否有异常，多数蔬菜具有新鲜的状态，如有蔫萎、干枯、损伤、变色、病变、虫害侵蚀，则为异常形态，还有的蔬菜由于人工使用了激素类物质，会长成畸形。最后要闻一下蔬菜的味道，多数蔬菜具有清香、甘辛香、甜酸香等气味，不应有腐败味和其他异味。

挑选水果首先要看水果的外形、颜色。尽管经过催熟的果实呈现出成熟的性状，但是作假只能对一方面有影响，果实的皮或其他方面还是会有不成熟的感觉。比如自然成熟的西瓜，由于光照充足，所以瓜皮花色深亮、条纹清晰、瓜蒂老结；催熟的西瓜瓜皮颜色鲜嫩、条纹浅淡、瓜蒂发青。人们一般比较喜欢"秀色可餐"的水果，而实际上，其貌不扬的水果反倒更让人放心。

其次，通过闻水果的气味来辨别。自然成熟的水果，大多在表皮上能闻到一种果香味；催熟的水果不仅没有果香味，甚至还有异味。催熟的果子散发不出香味，催得过熟的果子往往能闻得出发酵气息，注水的西瓜甚至能闻得出自来水的漂白粉味。再有，催熟的水果有个明显特征，就是分量重。同一品种大小相同的水果，催熟的、注水的水果同自然成熟的水果相比要重很多，很容易识别。

用淘米水洗：淘米水属于酸性，有机磷农药遇酸性物质就会失去毒性。在淘米水中浸泡10分钟左右，用清水洗干净，就能使蔬菜残留的农药成分减少。

清洗水果农药残留的最佳方式是削皮，如柳橙、苹果。若是连皮品尝水果，如杨桃、番石榴，则务必以海绵菜瓜布将表皮搓洗干净，或是将水果浸泡于加盐的清水中约10分钟（清水：盐＝500毫升：2克），再以大量清水冲洗干净。同时由于水果是生食，因此最后一次冲洗必须使用冷开水。

3.正确保存蔬菜和水果

瓜果类蔬菜相对来说比较耐储存，因为它们是一种成熟的形态，是果实，有外皮阻隔外界与内部的物质交换，所以保鲜时间较长。越幼嫩的果实越不耐存放，比如嫩的黄瓜、豆荚类蔬菜，因为越细嫩的蔬菜代谢越快，老化得也快。在适宜的温度下，一般西红柿能保存2～3周，辣椒能存放7～10天，黄瓜和菜豆类能保存3～4天，西葫芦等一些老熟状态的瓜菜可保存1～2个月。有些水果（如鳄梨、奇异果）在购买时尚未完全成熟，此时必须放置于室温下几天，待果肉成熟软化后再放入冰箱冷藏保存。若直接将未成熟的水果放入冰箱，则水果就成了所谓的"哑巴水果"，再也难以软化了。

2.正确清洗蔬菜和水果

清洗蔬菜有以下几种方法：

淡盐水浸泡：一般蔬菜要先用清水至少冲洗3～6遍，然后放入淡盐水中浸泡1小时，再用清水冲洗1遍。对包心类蔬菜，可先切开，再放入清水中浸泡2小时，再用清水冲洗，以清除残留农药。

碱洗：在水中放上少许碱粉或碳酸钠，搅匀后再放入蔬菜，浸泡5～6分钟，再用清水漂洗干净。也可用小苏打代替，但要适当将浸泡时间延长到15分钟左右。

用开水泡烫：在做青椒、菜花、豆角、芹菜等时，下锅前最好先用开水烫一下，可清除90%的残留农药。

用日照消毒：阳光照射蔬菜会使蔬菜中部分残留农药被分解、破坏。据测定，蔬菜、水果在阳光下照射5分钟，有机氯、有机汞农药的残留量会减少60%。方便贮藏的蔬菜，应在室温下放两天左右，残留化学农药平均消失率为5%。

第一章

祛斑美白水果汁

水果含有人体必需的多种维生素、矿物质、碳水化合物、粗纤维、蛋白质及脂肪等营养素，水果不但可口，还能促进身体健康、美白养颜。将水果加工制作成果汁，更易达到祛斑美白的目的。果汁中保留有水果中相当一部分营养成分，口感也优于普通饮品，能让您在满足味蕾的同时更益健康。

猕猴桃柳橙汁

原料

猕猴桃 2 个，柳橙 1 个，水 200 毫升，冰块少许

做法

❶ 将猕猴桃去皮洗净，切成块状；将柳橙去皮，切成块状。

❷ 将切好的猕猴桃、柳橙和水一起放入榨汁机榨汁，倒入杯中，加冰块即可。

小贴士

　　柳橙种类很多，最受青睐的主要有脐橙、冰糖橙、血橙和美国新奇士橙。柳橙被称为"疗疾佳果"。

另一做法

　　加入蜂蜜，味道会更好。

苹果葡萄柚汁

原料

苹果 1/2 个，葡萄柚 1 个，水 200 毫升，蜂蜜适量

做法

❶ 将苹果洗净，切成块状；将葡萄柚洗净，去皮、子，切成块状。

❷ 将切好的苹果、葡萄柚、水一起放入榨汁机榨汁，再在榨好的果汁内加入适量蜂蜜搅匀即可。

小贴士

　　苹果含有丰富的苹果酸，能使积蓄在体内的脂肪有效分散，从而防止体态过胖。

另一做法

　　加入酸奶，味道会更好。

葡萄柚菠萝汁

原料
葡萄柚 2 片，菠萝 2 片，水 200 毫升

做法
1 将葡萄柚去皮，切成块状。
2 将菠萝削皮，切成块状。
3 将切好的葡萄柚、菠萝和水一起放入榨汁机榨汁。

小贴士
　　吃菠萝时，可先把果皮削去，除尽果皮，然后切开放在盐水中浸泡 10 分钟，破坏菠萝蛋白酶的致敏结构，这样就可以尽量避免菠萝朊酶过敏，同时，能使一部分有机酸分解在盐水里，让菠萝的味道变得更甜。

另一做法
　　加入白糖，味道会更好。

火龙果汁

原料
火龙果 1 个，水 200 毫升

做法
1 将火龙果去皮，切成块状。
2 将火龙果和水一起放入榨汁机榨汁。

小贴士
　　火龙果的果肉几乎不含果糖和蔗糖，糖分以葡萄糖为主，这种天然葡萄糖，非常容易被人体吸收，适合运动后食用。但火龙果中含有的葡萄糖不甜导致大家误以为这是低糖水果，其实火龙果的糖分比想象中的要高一些，糖尿病患者不宜多吃。

另一做法
　　加入牛奶，味道会更好。

香蕉苹果葡萄汁

原料

香蕉 1 根，苹果 1/2 个，葡萄 8 颗，水 200
毫升

做法

❶ 香蕉去果皮和果肉上的果络；苹果洗净去
核，切成块状；葡萄洗净，去皮、去子，
切成块状。

❷ 将准备好的香蕉、苹果、葡萄和水一起放
入榨汁机榨汁。

小贴士

　　用香蕉皮敷在疣（俗称瘊子）的表面，使
其软化，并一点点地脱落，敷多次后，用手指
一点点捏掉，治好后便再不复发。

另一做法

　　加入蜂蜜，味道会更好。

香蕉苹果梨汁

原料

香蕉、苹果、梨各 1 个，水 100 毫升

做法

❶ 剥去香蕉的果皮和果肉上的果络，切成
块状。

❷ 将苹果、梨洗净切成块状。

❸ 将准备好的香蕉、苹果、梨和水一起放入
榨汁机榨汁。

小贴士

　　由于香蕉在香蕉树上完全成熟时，果皮易
裂，不利于搬运及贮藏，故大多于七八成熟时
采收，即果皮仍为青绿色状态就开始采收，故
通常不是购买之后能够马上食用的水果。

另一做法

　　加入蜂蜜，味道会更好。

芒果柚子汁

原料

芒果 1 个，柚子 1/2 个，水 200 毫升，蜂蜜适量

做法

❶ 将芒果去皮去核，切成块状；将柚子去皮，切成块状。

❷ 将切好的芒果、柚子和水一起放入榨汁机榨汁，再在榨好的果汁内加入适量蜂蜜搅匀。

小贴士

如果一次食用过多柚子，不仅会影响肝脏解毒，使肝脏受到损伤，而且还会引起其他不良反应。

另一做法

加一片柠檬，味道会更好。

柳橙柠檬汁

原料

柳橙 1 个，柠檬 2 片，水 200 毫升

做法

❶ 将柳橙去皮，切成块状。

❷ 将柠檬洗净，切成块状。

❸ 将切好的柳橙、柠檬和水一起放入榨汁机榨汁。

小贴士

柳橙的营养成分中有丰富的膳食纤维，B 族维生素、维生素 A、维生素 C、磷、苹果酸等，对于治疗便秘有帮助。女性多吃柳橙，不但可美白，还能够抗氧化。但由肝阴不足所导致的口干咽燥、舌红苔少者，吃多了橙子更容易伤肝气、发虚热，故应忌食。

另一做法

加入白糖，味道会更好。

猕猴桃菠萝苹果汁

原料
猕猴桃2个，菠萝2片，苹果1个，水200毫升

做法
1. 将猕猴桃去皮洗净，切成块状；将菠萝去皮洗净，切成块状；将苹果洗净去核，切成块状。
2. 将切好的猕猴桃、菠萝、苹果和水一起放入榨汁机榨汁。

小贴士
菠萝含有一种叫"菠萝朊酶"的物质，它能分解蛋白质、帮助消化、溶解阻塞于组织中的纤维蛋白和血凝块、改善局部的血液循环、稀释血脂、消除炎症和水肿、促进血液循环。尤其是过食肉类及油腻食物之后，吃些菠萝更为适宜，可以预防脂肪沉积。此外，菠萝中所含的糖、酶有一定的利尿作用，对肾炎和高血压者有益，对支气管炎也有辅助疗效。同时由于纤维素的作用，食用菠萝对治疗便秘也有一定的疗效。

另一做法
加入蜂蜜，味道会更好。

鳄梨柠檬橙子汁

原料

鳄梨1个，柠檬2片，橙子1个，水200毫升，蜂蜜适量

做法

① 将鳄梨、橙子洗净去皮去核，切成块状。

② 将柠檬洗净，切成块状。

③ 将准备好的鳄梨、柠檬、橙子和水一起放入榨汁机榨汁。

小贴士

　　蜂蜜是天然的补品，尤其是对女性来说，可以润肠通便、防止体内毒素堆积、改善暗黄肌肤、冬季皮肤干燥。用少许蜂蜜调和水后涂于皮肤，可防止皮肤干裂，故可用蜂蜜代替防裂膏。

另一做法

　　加入酸奶，味道会更好。

山楂柠檬蓝莓汁

原料

山楂、蓝莓各4颗，柠檬2片，水200毫升

做法

① 将山楂洗净，去核。

② 将柠檬洗净，切成块状。

③ 将蓝莓洗净，去皮去核，取出果肉。

④ 将准备好的山楂、柠檬、蓝莓和水一起放入榨汁机榨汁。

小贴士

　　蓝莓营养丰富，不仅富含常规营养成分，而且还含有丰富的黄酮类和多糖类化合物，因此又被称为"水果皇后"和"浆果之王"。

另一做法

　　加入蜂蜜，味道会更好。

猕猴桃甜橙柠檬汁

原料

猕猴桃 1 个，甜橙 1/2 个，柠檬 2 片，水 200 毫升

做法

❶ 猕猴桃去皮，洗净切成块状；甜橙去皮去子，切成块状；柠檬洗净切成块状。

❷ 将准备好的猕猴桃、甜橙、柠檬和水一起放入榨汁机榨汁。

小贴士

　　肾炎、高血压、水肿患者，儿童、孕妇、贫血患者，神经衰弱、过度疲劳、体倦乏力、未老先衰者，肺虚咳嗽、盗汗者，风湿性关节炎、四肢筋骨疼痛者以及癌症患者尤其适用。

另一做法

　　加入香蕉，味道会更好。

葡萄柚子香蕉汁

原料

葡萄 10 颗，葡萄柚 1/2 个，香蕉 1 根，水 200 毫升

做法

❶ 葡萄去皮去子，取出果肉；葡萄柚去皮，切成块状；剥去香蕉的皮和果肉上的果络，切成块状。

❶ 将切好的葡萄、葡萄柚、香蕉和水一起放入榨汁机榨汁。

小贴士

　　服药时别吃葡萄柚，尤其是心绞痛、降血压、降血脂等药，因为葡萄柚汁含有黄酮类，会抑制肝脏药物的代谢，导致药效增强而发生危险。

另一做法

　　加入苹果，味道会更好。

草莓橙子牛奶汁

原料
草莓8颗，橙子1个，柠檬2片，牛奶200毫升

做法
❶ 将草莓洗净去蒂，切成块状；将橙子去皮，分开；将柠檬洗净，切成块状。
❷ 将准备好的草莓、橙子、柠檬和牛奶一起放入榨汁机榨汁。

小贴士
　　将买来的牛奶（没有煮过或微波炉加热过的）迅速倒入干净的透明玻璃杯中，然后慢慢倾斜玻璃杯，如果有薄薄的奶膜留在杯子内壁，且不挂杯，容易用水冲下来则是好的牛奶。

另一做法
　　加入蜂蜜，味道会更好。

桑葚柠檬牛奶汁

原料
桑葚8颗，柠檬2片，牛奶200毫升

做法
❶ 将桑葚冲洗干净，用清水浸泡10分钟；柠檬洗净，切成块状。
❷ 将准备好的桑葚、柠檬和牛奶一起放入榨汁机榨汁。

小贴士
　　桑葚中含有大量的水分、碳水化合物、多种维生素、胡萝卜素及人体必需的微量元素等，能有效地扩充人体的血容量，且补而不腻，适宜高血压、妇科病患者食疗。不过，清洗和盛桑葚的器皿宜选用瓷器，忌用铁器。

另一做法
　　加入白糖，味道会更好。

橘子菠萝汁

原料

橘子1个，菠萝4片，水200毫升

做法

1. 将橘子去皮去子，切成块状。
2. 将菠萝洗净，切成块状。
3. 将切好的橘子、菠萝和水一起放入榨汁机榨汁。

小贴士

　　橘子味甘酸，性温，具有开胃理气、止渴润肺的功效，对消化不良、口渴咽干、干咳无痰等症有一定的治疗效果，同时还能预防心血管疾病和糖尿病。

另一做法

　　加入冰糖，味道会更好。

葡萄柚杨梅汁

原料

葡萄柚1个，杨梅4个，水200毫升

做法

1. 将葡萄柚去皮去子，切成块状；将杨梅洗净去核。
2. 将准备好的葡萄柚、杨梅和水一起放入榨汁机榨汁。

小贴士

　　葡萄柚含有宝贵的天然维生素 P 和丰富的维生素 C 以及可溶性纤维素。维生素 P 能强化皮肤毛细孔功能，加速复原受伤的皮肤组织，有利于皮肤保健和美容；维生素 C 可参与人体胶原蛋白合成，促进抗体的生成，以增强机体的解毒功能。

另一做法

　　加入冰糖，味道会更好。

葡萄柚香瓜柠檬汁

原料

葡萄柚1个，香瓜2片，柠檬片2片，水100毫升

做法

1. 将葡萄柚去皮去子，切成块状。
2. 将香瓜、柠檬片洗净，切成块状。
3. 将切好的葡萄柚、香瓜、柠檬片和水一起放入榨汁机榨汁。

小贴士

柠檬，又称柠果、洋柠檬、益母果等，因其味极酸，肝虚孕妇最喜食，故称益母果或益母子。柠檬能增强血管弹性和韧性，可预防和治疗高血压和心肌梗死。

另一做法

加入蜂蜜，味道会更好。

苹果橙子汁

原料

苹果1个，橙子1个，水200毫升

做法

1. 将苹果洗净去核，切成块状。
2. 将橙子去皮，分开。
3. 将准备好的苹果、橙子和水一起放入榨汁机榨汁。

小贴士

苹果是美容佳品，既能减肥，又可使皮肤润滑柔嫩；苹果是低热量食物，每100克苹果只产生60千卡热量；苹果中的营养成分可溶性大，易被人体吸收，故有"活水"之称，有利于溶解硫元素，使皮肤润滑柔嫩。

另一做法

加入香蕉，味道会更好。

西瓜菠萝柠檬汁

原料

西瓜、菠萝、柠檬各 2 片，水 100 毫升

做法

① 将西瓜、柠檬去皮，切成块状。

② 将菠萝洗净，切成块状。

③ 将切好的西瓜、菠萝、柠檬和水一起放入榨汁机榨汁。

小贴士

　　刚刚装修过的新房，油漆味很重，此时将一盆菠萝放在室内，可起到良好的净化效果。

另一做法

　　加入苹果，味道会更好。

莲雾汁

原料

莲雾 8 颗，水 200 毫升

做法

① 将莲雾清洗干净，切片。

② 将切好的莲雾和水一起放入榨汁机榨汁，滤入杯中即可。

小贴士

　　选购莲雾时，粉红色种以果实大、饱满端正、果色暗红者为佳，而以红得发黑的黑珍珠最甜，暗青红色的次之。在对莲雾进行清洗的时候，一定要注意莲雾底部比较容易藏有脏东西，要用水将其冲洗干净，在盐水中略泡上一会儿后再用会更好，食用前要将果实底部的果脐切掉。

另一做法

　　加入蜂蜜，味道会更好。

西瓜皮菠萝鲜奶汁

原料

西瓜皮 2 片，菠萝 2 片，鲜奶 200 毫升

做法

❶ 将西瓜皮洗净、切碎。

❷ 将菠萝洗净，切成块状。

❸ 将切好的西瓜皮、菠萝和鲜奶一起放入榨汁机榨汁。

小贴士

　　肾功能不全的人要谨慎饮用西瓜汁，因为在短时间内大量饮用西瓜汁，会使体内的水分增多，超过人体的生理容量。

另一做法

　　加入柠檬，味道会更好。

香蕉西瓜汁

原料

香蕉 1 根，西瓜 2 片，水 200 毫升

做法

❶ 香蕉去皮和果肉上的果络，切成块状。

❷ 将西瓜去子去皮，切成块状。

❸ 将切好的香蕉、西瓜和水一起放入榨汁机榨汁。

小贴士

　　优质香蕉果皮呈鲜黄或青黄色，梳柄完整，无缺只和脱落现象，一般每千克在 25 个以下；单只香蕉体弯曲，果实丰满、肥壮、色泽新鲜、光亮，果面光滑，无病斑、无虫疤、无霉菌、无创伤，果实易剥离，果肉稍硬。

另一做法

　　加入牛奶，味道会更好。

哈密瓜木瓜汁

原料

哈密瓜 1/4 个，木瓜 1/2 个，水 200 毫升，蜂蜜适量

做法

❶ 将哈密瓜、木瓜去皮去瓤，切成块状。

❷ 将切好的哈密瓜、木瓜和水一起放入榨汁机榨汁，再在榨好的果汁内加入适量蜂蜜，搅拌均匀即可。

小贴士

　　木瓜果皮光滑美观，果肉厚实细致、香气浓郁、汁水丰多、甜美可口、营养丰富，有"百益之果""水果之皇""万寿瓜"之雅称。

另一做法

　　加入酸奶，味道会更好。

草莓柳橙蜜汁

原料

草莓 6 颗，柳橙 1/2 个，水 200 毫升，蜂蜜适量

做法

❶ 将草莓去蒂洗净，切成块状；将柳橙去皮，切成块状。

❷ 草莓、柳橙和水一起放入榨汁机榨汁，再在榨好的果汁内加入适量蜂蜜，搅匀即可。

小贴士

　　购买草莓时，可用手或者纸对草莓表面进行轻拭，如果手上或纸上粘了大量红色，那就有可能是通过喷施色素染红的草莓，这种草莓在用水冲洗的时候水会变成浅红色。

另一做法

　　加入苹果，味道会更好。

木瓜牛奶汁

原料

木瓜 1/2 个，牛奶 200 毫升，白糖适量

做法

❶ 将木瓜洗净，去皮去瓤，切成块状。

❷ 将切好的木瓜和牛奶一起放入榨汁机榨汁，加入白糖调味即可。

小贴士

　　木瓜富有营养，且热量低，所以适合减肥者食用。此外，木瓜还有美白护肤的功效。要注意，木瓜也分公母，肚子大的是母的，比较甜。一般要挑鼓肚子的、表面斑点很多、颜色刚刚发黄、摸起来不是很软的那种。

另一做法

　　加入柠檬，味道会更好。

葡萄菠萝杏汁

原料

葡萄 6 颗，菠萝 2 片，杏 4 颗，水 200 毫升

做法

❶ 将葡萄洗净去皮去子；将菠萝洗净切成块状；将杏洗净去核，切成块状。

❷ 将准备好的葡萄、菠萝、杏和水一起放入榨汁机榨汁。

小贴士

　　葡萄味道可口、营养价值高，除了能够帮助人们改善睡眠外，还有很多功效，如补虚健胃、养血美容等。葡萄清洗时加入少许面粉，除污效果会比较好。

另一做法

　　加入牛奶，味道会更好。

27

苹果柠檬汁

原料

苹果 1 个，柠檬 2 片，水 200 毫升

做法

❶ 将苹果洗净去核，切成块状；将柠檬洗净，切成块状。

❷ 将切好的苹果、柠檬和水一起放入榨汁机榨汁。

小贴士

　　柠檬果肉味极酸，主要的酸叫柠檬酸，占汁液总量的 5% 以上。柠檬汁富含维生素 C，并含少量 B 族维生素。

另一做法

　　加入蜂蜜，味道会更好。

芒果蜜桃汁

原料

芒果 1 个，蜜桃 2 个，水 200 毫升

做法

❶ 将芒果去皮去核，切成块状。

❷ 将蜜桃洗净去核，切成块状。

❸ 将切好的芒果、蜜桃和水一起放入榨汁机榨汁。

小贴士

　　蜜桃含有多种维生素和果酸以及钙、磷等无机盐。它的铁含量为苹果和梨的 4 ~ 6 倍，具有补益气血、养阴生津的功效。蜜桃还能给予头发高度保湿和滋润，增强头发的柔软度。

另一做法

　　加入苹果，味道会更好。

葡萄柚草莓汁

原料
葡萄柚 1 个，草莓 6 颗，水 200 毫升

做法
❶ 将葡萄柚去皮洗净，切成块状；将草莓去
　蒂洗净，切成块状。
❷ 将切好的葡萄柚、草莓和水一起放入榨汁
　机榨汁。

小贴士
　　目前，市场上常见的葡萄柚有 3 个主要品
种：果肉白色的马叙葡萄柚、果肉白色的邓肯
葡萄柚以及果肉红色的汤姆逊葡萄柚。

另一做法
　　加入牛奶，味道会更好。

香蕉苹果汁

原料
香蕉 1 根，苹果 1/2 个，水 200 毫升

做法
❶ 去掉香蕉的皮和果肉上的果络，切成块状
　备用。
❷ 将苹果洗净去核，切成块状。
❸ 将切好的香蕉、苹果和水一起放入榨汁机
　榨汁。

小贴士
　　苹果减肥法是指在减肥期间每天吃苹果，
按照人们习惯的早、中、晚餐进食，食量以不
怎么感觉饥饿为好，3 天之内不能吃别的食物。

另一做法
　　加入酸奶，味道会更好。

香蕉草莓牛奶汁

原料

香蕉1根，草莓8颗，牛奶200毫升，蜂蜜适量

做法

❶ 剥去香蕉的皮和果肉上的果络，切成块状；将草莓去蒂洗净，切成块状。

❷ 将准备好的香蕉、草莓和牛奶一起放入榨汁机榨汁，再在果汁内加入适量蜂蜜，搅拌均匀即可。

小贴士

挑选草莓时，太大的和过于水灵的不能买，也不要买长得奇形怪状的草莓。应该尽量挑选全果鲜红均匀、色泽鲜亮、具有光泽的。

另一做法

加入苹果，味道会更好。

火龙果猕猴桃汁

原料

火龙果1个，猕猴桃1个，水200毫升，蜂蜜适量

做法

❶ 将火龙果、猕猴桃去皮，切块；将切好的火龙果、猕猴桃和水一起放入榨汁机榨汁。

❷ 将榨好的果汁倒入玻璃杯内，加入适量蜂蜜，搅拌均匀即可。

小贴士

猕猴桃萃取物中含有独特的长效补水因子及高压保湿分子膜，可以瞬间为身体肌肤补充大量水分，缓解干燥、粗糙等肌肤缺水现象。

另一做法

加入桃子，味道会更好。

苹果汁

原料
苹果 2 个，水 200 毫升

做法
❶ 将苹果洗净去核，切成块状。
❷ 将切好的苹果和水一起放入榨汁机榨汁即可。

小贴士
　　苹果中的营养成分可溶性大，易被人体吸收，故有"活水"之称，有利于溶解硫元素，使皮肤润滑柔嫩，也可以把它敷在黑眼圈的地方，有助于消除黑眼圈。吃熟苹果可防治嘴唇生热疮、牙龈发炎、舌裂等内热现象。

另一做法
　　加入牛奶，味道会更好。

柑橘果汁

原料
柑橘 2 个，蜂蜜少许

做法
❶ 将柑橘带皮切成块。
❷ 将切好的柑橘放入榨汁机榨汁，再倒入玻璃杯中，调入蜂蜜拌匀即可。

小贴士
　　柑橘品种繁多，营养丰富、通身是宝。其汁富含柠檬酸、氨基酸、碳水化合物、脂肪、多种维生素、钙、磷、铁等营养成分，适宜孕妇食用，不过，每天不超过 3 个，总重量应控制在 250 克以内。

另一做法
　　加入白糖，味道会更好。

猕猴桃苹果柠檬汁

原料

猕猴桃 2 个，苹果 1 个，柠檬 2 片，水 200 毫升

做法

1. 将猕猴桃去皮，切成块状；将苹果洗净去核，切成块状；将柠檬洗净，切成块状。
2. 将切好的猕猴桃、苹果、柠檬和水一起放入榨汁机榨汁。

小贴士

将柠檬切片，放入水中 5 分钟，可敷脸。

苹果蜂蜜果汁

原料

苹果 1/2 个，蜂蜜水 200 毫升

做法

1. 将苹果去皮并切成适当大小块。
2. 将切好的苹果块和蜂蜜水一起放入榨汁机榨汁。

小贴士

蜂蜜是糖的过饱和溶液，低温时会产生结晶，生成结晶的是葡萄糖，不产生结晶的部分主要是果糖。

猕猴桃汁

原料

猕猴桃 2 个

做法

1. 剥去猕猴桃的表皮并切成块状。
2. 将切好的猕猴桃放入榨汁机榨汁。

小贴士

猕猴桃是所有水果中维生素 C 含量最多的，猕猴桃中所含的谷胱甘肽，有抑制癌症基因突变的作用。

西瓜香瓜梨汁

原料

西瓜 2 片，香瓜 2 片，梨 1/2 个，水 200 毫升

做法

① 西瓜去皮、去子，切成块；香瓜去皮、去瓤，切成块；梨去核，切成小块。

② 将西瓜、香瓜、梨和水一起放入榨汁机榨汁。

小贴士

西瓜含有约 5% 的糖分，糖尿病患者吃西瓜过量，会导致血糖升高、尿糖增多等后果，严重的还会出现酮症酸中毒昏迷反应。

另一做法

加入蜂蜜，味道会更好。

苹果香瓜汁

原料

苹果 1 个，香瓜 1/2 个，水 200 毫升

做法

① 将苹果洗净去核，切成块状。

② 将香瓜去皮去瓤，切成块状。

③ 将切好的苹果、香瓜和水一起放入榨汁机榨汁。

小贴士

如果 1 个苹果能够 15 分钟才吃完，则苹果中的有机酸和果酸质就可以把口腔中的细菌杀死。因此，慢慢地吃苹果，对于人体的健康有好处。

另一做法

加入蜂蜜，味道会更好。

香蕉牛奶汁

原料

香蕉 1 根，牛奶 200 毫升

做法

① 剥去香蕉的皮和果肉上的果络，用刀切成小块状。

② 将切好的香蕉和牛奶一起放入榨汁机榨汁，倒入杯中即可。

小贴士

香蕉味甘性寒，可清热润肠、延年益寿、促进肠胃蠕动，老少皆宜，是减肥者的首选。对便秘、消化不良等症状，有良好效果。但脾虚泄泻者却不宜食用。

另一做法

加入苹果，味道会更好。

橙汁

原料
橙子 2 个，白糖少许

做法
① 将橙子洗净，带皮切成片。
② 把切好的橙子放入榨汁机榨汁，再倒入玻璃杯中，调入白糖即可。

小贴士
　　选购橙子并不是越光滑越好，进口橙子往往表皮破孔较多，比较粗糙，而经过"美容"之后的橙子，则非常光滑，几乎没有破孔；也可以用湿纸巾在水果表面擦一擦，如果上了色素，一般都会在餐巾纸上留下颜色。

另一做法
　　白糖也可换成蜂蜜，味道会更好。

菠萝汁

原料
菠萝 6 片，白糖少许

做法
① 将菠萝切成适当大小。
② 将切好的菠萝放入榨汁机榨汁，倒入杯中加入白糖调匀即可。

小贴士
　　菠萝中含有一种叫菠萝朊酶的物质，它能分解蛋白质，改善局部的血液循环，消除炎症和水肿。其所含的菠萝蛋白酶能有效分解食物中的蛋白质，增加肠胃蠕动，使消化不良的患者恢复正常消化功能。

另一做法
　　加入牛奶，味道会更好。

无花果李子汁

原料

无花果 4 个，李子 4 个，猕猴桃 1 个，水 200 毫升

做法

❶ 将无花果去皮，切成块状；将李子洗净去核，取出果肉；将猕猴桃去皮，切成块状备用。

❷ 将准备好的无花果、李子、猕猴桃和水一起放入榨汁机榨汁。

小贴士

　　李子性温，过食可引起脑涨虚热，如心烦发热、潮热多汗等症状。

另一做法

　　加入蜂蜜，味道会更好。

芒果菠萝猕猴桃汁

原料

芒果 1 个，菠萝 2 片，猕猴桃 1 个，水 200 毫升

做法

❶ 将芒果去皮去核，切成块状；将菠萝洗净，切成块状；将猕猴桃去皮，切成块状备用。

❶ 将芒果、菠萝、猕猴桃和水放入榨汁机榨汁即可。

小贴士

　　食用菠萝时应注意不要空腹暴食，要削净果皮、鳞目须毛及果丁；果肉切片后，一定要用盐浸泡若干分钟后才能食用。

另一做法

　　加入冰糖，味道会更好。

菠萝西瓜汁

原料

菠萝 2 片，西瓜 2 片，水 200 毫升

做法

❶ 将菠萝洗净，切成丁；将西瓜去皮去子，切成块状。

❷ 将切好的菠萝、西瓜和水一起放入榨汁机榨汁。

小贴士

　　患有牙周炎、胃溃疡、口腔黏膜溃疡的人要慎食菠萝，因为菠萝是酸性水果，刺激牙龈、黏膜，胃病患者还会出现胃内返酸现象，多吃还会发生过敏反应。

另一做法

　　加入牛奶，味道会更好。

葡萄柚香橙甜橘汁

原料

葡萄柚 1 个，橙子 1 个，橘子 1 个，水 200 毫升

做法

❶ 将葡萄柚去皮，取出果肉；将橙子、橘子去皮，分开。

❷ 将准备好的葡萄柚、橙子、橘子和水一起放入榨汁机榨汁。

小贴士

　　橘子汁水丰富、酸甜可口，是秋冬季常见的美味佳果，含有丰富的维生素 C，对人体有着很大的好处。选购橘子时以个头中等为最佳，太大的皮厚、甜度差。

另一做法

　　加入苹果，味道会更好。

香蕉菠萝汁

原料

香蕉 1 根，菠萝 2 片，水 200 毫升

做法

① 剥去香蕉的皮和果肉上的果络，用刀切成块状。

② 将菠萝洗净，切成块状。

③ 将切好的香蕉、菠萝和水一起放入榨汁机榨汁。

小贴士

　　香蕉皮可以用来擦拭皮鞋、皮衣、皮制沙发等，有维护皮制品光泽、延长皮制品"寿命"的作用，也可捣烂敷脸、祛除雀斑。

另一做法

　　加入冰块，味道会更好。

香蕉葡萄汁

原料

香蕉 1 根，葡萄 6 颗，水 200 毫升

做法

① 将香蕉去皮和果肉上的果络，用刀切成块状，备用。

② 将葡萄去皮去子，取出果肉。

③ 将准备好的香蕉、葡萄和水一起放入榨汁机榨汁。

小贴士

　　紫葡萄富含花青素，有美容抗衰老之功。葡萄干制后，铁和糖的含量相对增加，是儿童、女性和体弱贫血者的滋补佳品。

另一做法

　　加入蜂蜜，味道会更好。

红葡萄汁

原料
葡萄、红提各 200 克

做法
① 葡萄和红提冲洗干净，用水浸泡10分钟，备用。
② 将葡萄和红提一起放入榨汁机榨汁，倒入杯中即可。

小贴士
　　红色葡萄含逆转酶，可软化血管、活血化淤，防止血栓形成，心血管病患者宜多食；逆转酶在红葡萄皮里含量最丰富，最好连皮一起吃。葡萄则具有补肺气、润肺的功效。

另一做法
　　加入蜂蜜，味道会更好。

草莓牛奶汁

原料
草莓 6 颗，牛奶 200 毫升

做法
① 将草莓去掉叶子，洗净后切成块状。
② 将切好的草莓和牛奶一起放入榨汁机榨汁，倒入杯中即可。

小贴士
　　正常生长的草莓外观呈心形，市场上有些草莓色鲜个大，颗粒上有畸形凸起，咬开后中间有空心。这种畸形草莓往往是在种植过程中滥用激素造成的，不宜食用。另外，清洗草莓时可加少许盐，这样能洗得更干净。

另一做法
　　加入香蕉，味道会更好。

香蕉橙子汁

原料

香蕉 1 根，橙子 1/2 个，水 200 毫升

做法

❶ 将香蕉去皮和果肉上的果络，切成块状。

❷ 将橙子洗净，切成块状。

❸ 将香蕉、橙子和水一起放入榨汁机榨汁，
倒入杯中即可。

小贴士

香蕉容易因碰撞挤压受冻而发黑，在室温下很容易滋生细菌，最好丢弃。香蕉不宜在冰箱内存放，温度太低，反而易坏。

另一做法

加入牛奶，味道会更好。

葡萄柚葡萄干牛奶

原料

葡萄柚 1 个，牛奶 200 毫升，葡萄干适量

做法

❶ 将葡萄柚去皮，切成块状。

❷ 将葡萄柚、葡萄干、牛奶一起放入榨汁机榨汁。

小贴士

葡萄柚有增强体质的功效，它能使身体更容易吸收钙及铁质，所含的天然叶酸，对于孕妇而言，有预防贫血发生和促进胎儿发育的功效。葡萄柚中的酶则能"影响"人体利用和吸收糖分的方式，使糖分不会轻易转化为脂肪贮存，适宜减肥者食用。

另一做法

加入冰糖，味道会更好。

菠萝草莓橙汁

原料
菠萝 2 片，草莓 8 颗，橙子 1/2 个，水 200 毫升

做法
❶ 将菠萝、草莓洗净，切成块状。
❷ 将橙子去皮，分开。
❸ 将准备好的菠萝、草莓、橙子和水一起放入榨汁机榨汁。

小贴士
　　菠萝切成块状之后，要用盐水或苏打水浸泡 20 分钟后再榨汁，以防过敏。

另一做法
　　加入苹果，味道会更好。

橘子蜜汁

原料
橘子 2 个，水 200 毫升，蜂蜜适量

做法
❶ 将橘子去皮，分开。
❷ 将准备好的橘子和水一起放入榨汁机榨汁。
❸ 在榨好的果汁内加入适量蜂蜜，搅拌均匀即可。

小贴士
　　蜂蜜在酿造、运输与储存过程中，易受到肉毒杆菌的污染。婴儿由于抵抗力弱，不宜过量食用蜂蜜。天然的含有活性酶的蜂蜜不能加热至 60 摄氏度以上，会破坏其中的营养成分。

另一做法
　　加入橙子，味道会更好。

柠檬菠萝汁

原料
柠檬 2 片，菠萝 2 片

做法
❶ 将柠檬、菠萝洗净，切成块状。
❷ 将切好的柠檬和菠萝一起放入榨汁机榨汁，倒入杯中即可。

小贴士
　　柠檬在化妆品中主要用途是美白，因为它含有丰富的维生素C，可补充肌肤水分及营养。但因为柠檬刺激性大，易过敏，故不建议长期食用，长痘痘者也不可直接用其敷脸。

另一做法
　　加入蜂蜜，味道会更好。

西瓜汁

原料
西瓜 4 片

做法
❶ 西瓜去籽，切成块状。
❷ 将切好的西瓜放入榨汁机榨汁。

小贴士
　　西瓜堪称"盛夏之王"，清爽解渴，味道甘甜多汁，是盛夏佳果。西瓜含有大量葡萄糖、苹果酸、果糖、蛋白氨基酸、番茄红素及维生素C等物质，是一种高营养的安全食品。其所含的番茄红素有增强白细胞活性的功效，通常，果实越红，所含番茄红素越多。

另一做法
　　加入牛奶，味道会更好。

芒果椰奶汁

原料

芒果 1/2 个，椰奶 200 毫升

做法

① 将芒果去皮，取出果肉。

② 将准备好的芒果和椰奶一起放入榨汁机榨汁即可。

小贴士

　　熟的芒果若放冰箱中保鲜，不可水洗后放入（水洗后会缩短存放时间），可用塑料袋或保鲜膜包好，极熟的可保留 3 天，稍熟的可放置 7 ~ 10 天。

另一做法

　　加入白糖，味道会更好。

草莓樱桃汁

原料

草莓、樱桃各 5 颗，水 200 毫升，白糖适量

做法

① 将草莓洗净，切成块状；将樱桃洗净，去核备用。

② 将准备好的草莓、樱桃和水一起放入榨汁机榨汁，倒入杯中，加入白糖搅拌至溶化即可。

小贴士

　　樱桃要选大颗、颜色深、有光泽、饱满、外表干燥、樱桃梗保持青绿的，要避免购买碰伤、裂开和枯萎的樱桃。

另一做法

　　加入酸奶，味道会更好。

橘子苹果汁

原料

橘子 1/2 个，苹果 1/2 个，水 200 毫升

做法

❶ 将橘子连皮洗净，切成块状。

❷ 将苹果洗净，切成块状。

❸ 将切好的橘子、苹果和水一起放入榨汁机榨汁。

小贴士

苹果具有生津止渴、和胃降逆、益脾止泻的功效，吃较多苹果的人远比不吃或少吃苹果的人感冒概率要低。

另一做法

加入白糖，味道会更好。

柳橙汁

原料

柳橙 1 个，水 200 毫升，蜂蜜适量

做法

❶ 将柳橙洗净去皮，将果肉切成块状。

❷ 将切好的柳橙块和水一起放入榨汁机榨汁。

❸ 在榨好的果汁内加入适量蜂蜜，搅拌均匀即可。

小贴士

"皮薄"是挑选柳橙的第一个原则，再就是"果心结实"，购买时可用手轻轻地按触柳橙，去体会"皮薄、果心结实"的感觉。

另一做法

加入牛奶，味道会更好。

橘子雪梨汁

原料

橘子 1/2 个，雪梨 1 个，水 200 毫升，冰糖少许

做法

❶ 将橘子连皮洗净，切成块状。

❷ 将雪梨去皮去核，切成丁。

❸ 将切好的橘子、雪梨和水一起放入榨汁机榨汁，再倒入杯中加冰糖调味即可。

小贴士

　　梨性寒，一次不宜多食。尤其是脾胃虚寒、腹部冷痛和血虚者，更应尽量少食。

另一做法

　　也可将冰糖换成白糖，功效、口味不变。

草莓汁

原料

草莓 6 颗，水 200 毫升

做法

❶ 将草莓洗净去蒂，切成块状。

❷ 将切好的草莓和水一起放入榨汁机榨汁即可。

小贴士

　　草莓先摘掉叶子，在流水下冲洗，随后用盐水浸泡 5 ~ 10 分钟，最后再用冷开水浸泡 1 ~ 2 分钟即可洗净；春季人的肝火往往比较旺盛，可以多喝一些草莓果汁，不仅可以起到抑制肝火的作用，还能补充人体营养。

另一做法

　　加入酸奶，味道会更好。

桃子石榴汁

原料

桃子1个，石榴汁200毫升

做法

1. 将桃子洗净去核，切成块状。
2. 将准备好的桃子和石榴汁一起放入榨汁机榨汁。

小贴士

　　桃子富含胶质物，这类物质能够吸收肠道水分，起到预防便秘的作用。桃子的含铁量较高，是缺铁性贫血患者的理想辅助食物。

另一做法

　　加入蜂蜜，味道会更好。

柳橙香蕉酸奶汁

原料

柳橙1个，香蕉1根，酸奶200毫升

做法

1. 将柳橙去皮，分开。
2. 剥去香蕉的皮和果肉上的果络。
3. 将准备好的柳橙、香蕉和酸奶一起放入榨汁机榨汁。

小贴士

　　香蕉营养价值高，但是并非人人适宜吃。因为香蕉糖分高，一根香蕉约含120卡路里热量（相当于半碗白饭），糖尿病患者不能过量食用香蕉。

另一做法

　　加入冰糖，味道会更好。

雪梨苹果汁

原料

雪梨、苹果各 1 个，水 200 毫升

做法

❶ 将雪梨、苹果洗净去核，切成块状。

❷ 将切好的雪梨、苹果和水一起放入榨汁机榨汁。

小贴士

　　苹果氧化后虽然口感和外观变得不太好，但其实它的营养素并没有丢失，一般来说，吃了也不会对人体产生危害。

另一做法

　　加入牛奶，味道会更好。

葡萄苹果汁

原料

葡萄 8 颗，苹果 1 个，水 200 毫升

做法

❶ 将葡萄洗净去核；将苹果洗净去核，切成块状。

❷ 将准备好的葡萄、苹果和水一起放入榨汁机榨汁。

小贴士

　　葡萄不仅是一种水果，也是一种滋补药品，具有补虚健胃、补益虚损的功效，身体虚弱、营养不良的人，可多吃些葡萄或葡萄干，有助于恢复健康。

另一做法

　　加入牛奶，味道会更好。

柚子柠檬汁

原料
柚子 4 片，柠檬 1 个，水 200 毫升

做法
① 将柚子去皮去子，切成块状。
② 将柠檬去皮，切成块状。
③ 将准备好的柚子、柠檬和水一起放入榨汁机榨汁。

小贴士
　　每天往鼻子里滴几滴柠檬汁可治疗鼻窦炎；用柠檬摩擦手脚能治疗冻疮。

哈密瓜蜂蜜汁

原料
哈密瓜 3 片，水 200 毫升，蜂蜜适量

做法
① 将哈密瓜洗净去皮，切成块状。
② 将哈密瓜和水一起放入榨汁机榨汁。
③ 在榨好的果汁内加入蜂蜜搅拌均匀即可。

小贴士
　　搬动哈密瓜应轻拿轻放，不要碰伤瓜皮，受伤后的瓜很容易变质腐烂，不易储藏。

榴莲汁

原料
榴莲 1/4 个，水 200 毫升

做法
① 将榴莲去壳，取出果肉，切成块状。
② 将切好的榴莲块和水一起放入榨汁机榨汁。

小贴士
　　为了避免饮用时上火，最好在饮用榴莲果汁的同时吃两三个山竹，山竹能抑制榴莲的温热火气，保护身体不受伤害。

樱桃酸奶汁

原料

樱桃 15 颗，酸奶 200 毫升

做法

❶ 将樱桃洗净去核。

❷ 将樱桃果肉和酸奶一起放入榨汁机榨汁。

小贴士

　　樱桃性热、味甘，具有益气健脾、和胃、祛风湿的功效。不过，此款果汁不宜加热饮用。因为酸奶一经加热，所含的大量活性乳酸菌便会被杀死，其营养功效便会大大降低。

另一做法

　　加入蜂蜜，味道会更好。

菠萝苹果汁

原料

菠萝 4 片，苹果 1 个，水 200 毫升

做法

❶ 将菠萝片切成丁；将苹果洗净，切成块。

❷ 将切好的菠萝、苹果和水一起放入榨汁机榨汁。

小贴士

　　菠萝切开后，香气馥郁、果目浅而小、内部呈淡黄色、果肉厚而果芯细小的为优质品；劣质菠萝果目深而多、内部组织空隙较大、果肉薄而果芯粗大；未成熟菠萝的果肉脆硬且呈白色。

另一做法

　　加入酸奶，味道会更好。

草莓菠萝汁

原料
草莓 6 颗，菠萝 1/4 个，水 200 毫升，白糖适量

做法
❶ 将草莓去蒂洗净，切成块状；将菠萝洗净，切成块状。

❷ 将切好的草莓块、菠萝块和水一起放入榨汁机榨汁，倒入杯中，加入白糖拌匀即可。

小贴士
　　菠萝的香味和酸酸甜甜的味道，可以消除身体的紧张感，并能增强身体的免疫力。

另一做法
　　加入牛奶，味道会更好。

鲜葡萄蜜汁

原料
葡萄 6 颗，柠檬 1/2 个，蜂蜜适量，水 200 毫升

做法
❶ 将葡萄洗净，去皮去子，取出果肉；将柠檬洗净，切成块状。

❷ 将葡萄、柠檬和水一起放入榨汁机榨汁，再在榨好的果汁内加入适量蜂蜜搅匀即可。

小贴士
　　葡萄含有氨基酸、蛋白质、卵磷脂及矿物质等多种营养成分，特别是糖分的含量很高，而且主要是葡萄糖，容易被人体直接吸收。

另一做法
　　加入水蜜桃，味道会更好。

菠萝猕猴桃鲜奶汁

原料

菠萝 4 片，猕猴桃 1/2 个，鲜奶 200 毫升，冰糖少许

做法

① 将菠萝洗净，切成小块。

② 将猕猴桃去皮，切成块状。

③ 将切好的菠萝、猕猴桃和鲜奶一起放入榨汁机榨汁，再倒入杯中，加入冰糖搅拌至溶化即可。

小贴士

食用猕猴桃时，可以用水果刀削去猕猴桃的表皮，也可以用刀从果实的中间横向切断，再用小勺舀食。

另一做法

加入香蕉，味道会更好。

柠檬橘子汁

原料

柠檬 1 个，橘子 1 个，蜂蜜适量

做法

① 将柠檬带皮洗净，切成块状；将橘子去皮，切成块状。

② 将切好的柠檬和橘子一起放入榨汁机榨汁，再在榨好的果汁内加入适量蜂蜜搅拌均匀即可。

小贴士

夏季暑湿较重，很多人容易神疲乏力，长时间工作或学习之后往往胃口不佳，喝一杯柠檬橘子汁，其清新酸爽的味道能让人精神一振，更可以开胃消食、消渴降暑。

另一做法

加入葡萄，味道会更好。

草莓苹果汁

原料

草莓 8 颗，苹果 1 个，水 200 毫升

做法

❶ 将草莓去蒂、洗净，切成块状。

❷ 将苹果洗净去核，切成块状。

❸ 将准备好的草莓、苹果和水一起放入榨汁
机榨汁。

小贴士

吃苹果最好搭配牛奶或奶酪，有助于中和
酸性物质。吃苹果前刷牙，刷牙会给食物和牙
齿之间加上一道屏障。吃完苹果后要及时漱口。

另一做法

加入蜂蜜，味道会更好。

哈密瓜菠萝汁

原料

哈密瓜、菠萝各 2 片，水 200 毫升

做法

❶ 将哈密瓜去皮去瓤，洗净切成丁。

❷ 将菠萝洗净切成丁。

❸ 将切好的哈密瓜、菠萝和水一起放入榨汁
机榨汁即可。

小贴士

菠萝如果顶部充实、果皮变黄、果肉变软、
呈橙黄色，说明它已达到九成熟。这样的菠萝
果汁多、糖分高、香味浓、味道好。

另一做法

加入牛奶，味道会更好。

苹果葡萄柚汁

原料

苹果 1 个，葡萄柚 2 片，水 200 毫升

做法

① 将苹果洗净去核，切成块状。

② 将葡萄柚去皮，切成块状。

③ 将准备好的苹果、葡萄柚和水一起放入榨汁机榨汁。

小贴士

与葡萄柚产生不良作用的药物有环孢素、咖啡因、钙拮抗剂、西沙必利等。饮用一杯葡萄柚汁，与药物产生作用的可能性会维持 24 小时。

另一做法

加入蜂蜜，味道会更好。

菠萝柠檬汁

原料

菠萝 2 片，柠檬 2 片，水 200 毫升

做法

① 将菠萝、柠檬洗净，切成块状。

② 将准备好的菠萝、柠檬和水一起放入榨汁机榨汁。

小贴士

过敏体质者最好不要吃菠萝，因为他们食用菠萝后可能会发生过敏反应。脑手术恢复期的患者也不适合食用，因为一旦发生过敏，将会危及生命。

另一做法

加入酸奶，味道会更好。

西瓜菠萝蜂蜜汁

原料

西瓜 2 片，菠萝 2 片，蜂蜜适量

做法

① 将西瓜去皮去子，切成块状；将菠萝片切成丁备用。

② 将切好的西瓜和菠萝一起放入榨汁机榨汁，再在榨好的果汁内加入适量蜂蜜，搅拌均匀即可。

小贴士

　　夏天大家都喜欢把西瓜放入冰箱冰镇着吃，其实冰镇后西瓜富含的营养成分，远远低于室温下存放的西瓜，而且西瓜打开后不宜长久保存，要尽快食用。

另一做法

　　加入香蕉，味道会更好。

橘子芒果汁

原料

橘子 1 个，芒果 1 个，水 200 毫升

做法

① 将橘子去皮，分开。

② 将芒果去皮去核，并把果肉切成块状。

③ 将准备好的橘子、芒果和水一起放入榨汁机榨汁。

小贴士

　　将少许小苏打用水溶解，然后用苏打水把橘子一个个洗一遍，再自然晾干，使苏打水在橘子外形成保护膜，再把它们放到塑料袋里，最后，把袋子封口可延长橘子的保鲜期。

另一做法

　　加入苹果，味道会更好。

猕猴桃葡萄汁

原料

猕猴桃 2 个，葡萄 6 颗，水 200 毫升

做法

1. 将猕猴桃去皮洗净，切成块状。
2. 将葡萄洗净，去皮去子，取出果肉。
3. 将准备好的猕猴桃、葡萄和水一起放入榨汁机榨汁。

小贴士

挑葡萄时，首先看外观形态，大小均匀、枝梗新鲜牢固、颗粒饱满、最好表面有层白霜的品质比较好；其次要尝尝口味，看一串葡萄是否甜，要先尝最下面的几颗，如果甜就代表整串葡萄都是甜的。

另一做法

加入香蕉，味道会更好。

苹果无花果汁

原料

苹果 1 个，无花果 6 个，柠檬 2 片，水 200 毫升

做法

1. 将苹果洗净去核，切成块状。
2. 将无花果去皮，取出果肉。
3. 将准备好的苹果、无花果、柠檬和水一起放入榨汁机榨汁。

小贴士

在购买无花果时，应尽量挑选个头较大、果肉饱满、不开裂、不腐烂的果实，一般紫红色为成熟果实。

另一做法

加入蜂蜜，味道会更好。

猕猴桃橙子柠檬汁

原料

猕猴桃 2 个，橙子 1/2 个，柠檬 2 片，水 200 毫升

做法

❶ 将猕猴桃、橙子去皮洗净，切成块状。

❷ 将柠檬洗净，切成块状。

❸ 将切好的猕猴桃、橙子、柠檬和水一起放入榨汁机榨汁。

小贴士

在上车前 1 小时，用新鲜的橘子皮，向内折成双层，对准鼻孔挤压，橘皮中的橘香油雾可有效地预防晕车。

另一做法

加入苹果，味道会更好。

香蕉蓝莓橙子汁

原料

香蕉 1 根，蓝莓 10 颗，橙子 1/2 个，水 200 毫升

做法

❶ 剥去香蕉的皮和果肉上的果络，切成块状；将蓝莓洗净；剥去洗净的橙子的皮，分成瓣。

❷ 将准备好的香蕉、蓝莓、橙子和水一起放入榨汁机榨汁。

小贴士

蓝莓果汁含有丰富的维生素、花青素和氨基酸，花青素具有清除氧自由基、保护视力、延缓脑神经衰老、提高记忆力的作用。

另一做法

加入牛奶，味道会更好。

草莓酸奶汁

原料

草莓 10 颗，酸奶 200 毫升，白糖适量

做法

① 将草莓洗净去蒂，切成块状。

② 将切好的草莓和酸奶一起放入榨汁机榨汁，倒入杯中，加入白糖，搅拌至溶化即可。

小贴士

　　酸奶中的乳酸对牙齿有很强的腐蚀作用，所以，喝完酸奶后要及时漱口；儿童用吸管饮用酸奶，可以减少乳酸接触牙齿的机会，可避免形成龋齿、蛀牙。

另一做法

　　加入桃子，味道会更好。

哈密瓜草莓奶汁

原料

哈密瓜 2 片，草莓 4 颗，牛奶 200 毫升

做法

① 将哈密瓜去皮去瓤，切成块状。

② 将草莓去蒂洗净，切成块状。

③ 将切好的哈密瓜、草莓和牛奶一起放入榨汁机榨汁。

小贴士

　　挑哈密瓜时可以用手摸一摸，如果瓜身坚实微软，成熟度就比较适中，如果太硬则不太熟，太软就是成熟过度。一般成熟的哈密瓜都有香甜的瓜香味。

另一做法

　　加入白糖，味道会更好。

雪梨芒果汁

原料

雪梨1个，芒果1个，水200毫升

做法

❶ 将雪梨、芒果去皮去核，切成块状。

❷ 将准备好的雪梨、芒果和水一起放入榨汁机榨汁。

小贴士

　　芒果果实呈肾脏形，主要品种有土芒果与外来芒果，未成熟前土芒果的果皮呈绿色，外来种呈暗紫色；土芒果成熟时果皮颜色不变，外来种则会变成橘黄色或红色。芒果果肉多汁、味道香甜，土芒果种子大、纤维多，外来种则不带纤维。

另一做法

　　加入酸奶，味道会更好。

雪梨汁

原料

雪梨2个，水100毫升，蜂蜜适量

做法

❶ 将雪梨去核，切成块状。

❷ 将切好的雪梨块和水一起放入榨汁机榨汁。

❸ 在榨好的果汁内加入适量蜂蜜，搅拌均匀即可。

小贴士

　　梨性偏寒助湿，多吃会伤脾胃，故脾胃虚寒、畏冷食者应少食；梨含果酸较多，故胃酸多者，不可多食；梨有利尿作用，夜尿频者，睡前不宜食用。

另一做法

　　加入苹果，味道会更好。

柑橘苹果汁

原料

柑橘、苹果各 1 个，水 200 毫升

做法

1 将柑橘去皮，分开。

2 将苹果洗净去核，切成块状。

3 将准备好的柑橘、苹果和水一起放入榨汁机榨汁。

小贴士

　　柑橘的营养成分十分丰富，每 100 克柑橘可食用部分约含糖 10 克，热量 150 千卡，维生素 C 含量最高，是人体最好的维生素 C 供给源。每人每天所需的维生素 C 吃 3 个柑橘就可满足，吃多了反而对口腔、牙齿有害。

另一做法

　　加入酸奶，味道会更好。

蜂蜜柚子雪梨汁

原料

柚子 2 片，雪梨 1/2 个，水 200 毫升，蜂蜜适量

做法

1 将柚子去皮，切成块状。

2 将雪梨去核，切成块状。

3 将柚子、雪梨和水一起放入榨汁机中榨汁即可。

小贴士

　　大的柚子不一定就是好的，要看表皮是否光滑，柚皮颜色是否均匀，还要掂掂柚子的重量，如果很重就说明这个柚子的水分很多，是比较好的柚子。

另一做法

　　加入牛奶，味道会更好。

哈密瓜柳橙汁

原料

哈密瓜 1/4 个，柳橙 1 个，水 200 毫升，蜂蜜适量

做法

❶ 将哈密瓜去皮去瓤，切成块状；将柳橙去皮，分开。

❷ 将哈密瓜、柳橙和水一起放入榨汁机榨汁，再在榨好的果汁内加入适量蜂蜜搅拌均匀。

小贴士

　　挑选哈密瓜要看瓜皮上面有没有疤痕，疤痕越老的越甜，最好是疤痕已经裂开的，虽然看上去难看，但是这种哈密瓜的甜度比较高，口感好。

另一做法

　　加入柠檬，味道会更好。

蜂蜜杨桃汁

原料

杨桃 1 个，水 200 毫升，蜂蜜适量

做法

❶ 将杨桃洗净切片。

❷ 将切好的杨桃片和水一起放入榨汁机榨汁。

❸ 在榨好的果汁内放入适量蜂蜜，搅拌均匀即可。

小贴士

　　杨桃是一种产于热带亚热带的水果，具有非常高的营养价值。挑选杨桃以果皮光亮、皮色黄中带绿、棱边青绿为佳。如棱边变黑、皮色接近橙黄，表示已熟多时；反之皮色太青的口感比较酸。

另一做法

　　加入酸奶，味道会更好。

水蜜桃牛奶汁

原料
水蜜桃 2 个，牛奶 200 毫升

做法
❶ 将水蜜桃洗净，切成块状。
❷ 将切好的水蜜桃和牛奶一起放入榨汁机榨汁即可饮用。

小贴士
　　水蜜桃肉甜汁多，富含铁质，能增加人体血红蛋白数量，常吃水蜜桃能养血美颜，使肌肤白里透红，与牛奶同食，护肤效果更佳。水蜜桃不仅果肉好吃，其桃仁还有活血化淤、平喘止咳的作用，对于大便燥结、肝热血淤和闭经之人有益。不过女性月经期间不宜食用桃仁。

另一做法
　　加入白糖，味道会更好。

雪梨香瓜汁

原料
雪梨 1 个，香瓜 1/2 个，生菜 1 片，水 200 毫升

做法
❶ 将雪梨洗净去核，切成块状；将香瓜去皮，切成块状；将生菜洗净撕碎。
❷ 将准备好的雪梨、香瓜、生菜和水一起放入榨汁机榨汁。

小贴士
　　优质雪梨果实新鲜饱满、果形端正，因各品种不同而呈青、黄、月白等颜色，成熟度适中（八成熟）、肉质细、质地脆而鲜嫩、汁多，无霉烂、冻伤、病虫害和机械伤。各品种的优质梨大小都均匀适中，并带有果柄。

另一做法
　　加入盐，味道会更好。

雪梨菠萝汁

原料

雪梨1个，菠萝1片，水200毫升

做法

① 将雪梨洗净去核，切成块状。

② 将菠萝洗净，切成块状。

③ 将切好的雪梨、菠萝一起放入榨汁机榨汁即可。

小贴士

　　劣质梨果形不端正、偏小、无果柄、表面粗糙不洁，刺、划、碰、压伤痕较多，有病斑或虫咬伤口、水锈或干疤已占果面1/3 ～ 1/2，果肉粗而质地差、石细胞大而多、汁液少、味道淡薄或过酸，有的还会存在苦、涩味，特别劣质的梨还可嗅到腐烂异味。

另一做法

　　加入苹果，味道会更好。

香蕉汁

原料

香蕉2根，水200毫升

做法

① 剥去香蕉的皮，切成块状。

② 将切好的香蕉放入榨汁机榨汁。

小贴士

　　香蕉富含钾和镁，钾能防止血压上升及肌肉痉挛，镁则具有消除疲劳的效果。因此，香蕉是高血压患者的首选水果。香蕉含有的泛酸等成分是人体的"开心激素"，能减轻心理压力，解除忧郁。睡前吃香蕉，还有镇静的作用。

另一做法

　　加入酸奶，味道会更好。

柠檬汁

原料

柠檬 2 个，圣女果 5 颗，水 200 毫升

做法

❶ 柠檬去皮，切成块；圣女果洗净，对切。

❷ 将切好的柠檬、圣女果和水一起放入榨汁机榨汁即可。

小贴士

　　在西式烹饪中，柠檬有很多种用法，可作为装饰也可作为原料；可以代替盐，还可防止水果和蔬菜变色；可以给汤、蔬菜、蛋糕、冰激凌调味可用于制作果酱；可以代替醋，为牛肉、猪肉和鱼等调味；可以作为调味品加到茶中；还可以干化或糖渍食用，也可以为酱和甜点调味。

另一做法

　　加入水蜜桃，味道会更好。

鸭梨香蕉汁

原料

鸭梨 1 个，香蕉 1 根，水 200 毫升

做法

❶ 将鸭梨洗净去核，切成块状。

❷ 将香蕉去皮，切成块状。

❸ 将切好的鸭梨、香蕉和水一起放入榨汁机榨汁。

小贴士

　　选择鸭梨时，以有枝蒂、果皮青青嫩嫩、表面附有一些粉状物质的为佳。新鲜的梨吃起来口感爽脆，不新鲜的梨水分较少，咀嚼起来有"韧"的感觉。如果表面有深褐色或黑色，则品质较差，不宜购买。

另一做法

　　加入苹果，味道会更好。

火龙果菠萝汁

原料

火龙果 1 个，菠萝 2 片，水 200 毫升

做法

① 将火龙果去皮，果肉切成块状。

② 将菠萝洗净，切成块状。

③ 将切好的火龙果、菠萝和水一起放入榨汁机榨汁。

小贴士

　　火龙果含有一般植物少有的植物性白蛋白以及花青素，并含有丰富的维生素和水溶性膳食纤维。红瓤火龙果中花青素含量较高，抗氧化、抗自由基、抗衰老的作用更强，最宜选用。

另一做法

　　加入柠檬，味道会更好。

草莓柳橙菠萝汁

原料

草莓 8 颗，柳橙 1/2 个，菠萝 2 片，水 200 毫升

做法

① 将草莓去蒂洗净，切成块状；将柳橙去皮，分开；将菠萝洗净，切成块状。

② 将准备好的草莓、柳橙、菠萝和水一起放入榨汁机榨汁。

小贴士

　　利益驱使一些果农采用激素、生长素等催熟未到自然成熟期的草莓。大量食用这样的草莓对人体是有害的，孕妇和儿童更不宜吃。

另一做法

　　加入酸奶，味道会更好。

西瓜草莓汁

原料

西瓜 2 片，草莓 10 颗，水 100 毫升

做法

❶ 将西瓜去皮去子，切成块状；将草莓洗净去蒂，切成块状。

❷ 将准备好的西瓜、草莓和水一起放入榨汁机榨汁。

小贴士

在吃西瓜时，用瓜汁擦擦脸，或把西瓜切去外面的绿皮，用里面的白皮切薄片贴敷 15 分钟，便可使皮肤保持清新细腻、洁白、健康，焕发出迷人的光泽。

另一做法

加入牛奶，味道会更好。

猕猴桃桑葚汁

原料

猕猴桃 2 个，桑葚 8 颗，水 200 毫升

做法

❶ 将猕猴桃去皮，切成块状。

❷ 将桑葚去蒂洗净。

❸ 将准备好的猕猴桃、桑葚和水一起放入榨汁机榨汁。

小贴士

食用富含维生素 C 的猕猴桃后，一定不要马上喝牛奶或吃其他乳制品，因为维生素 C 容易与奶制品中的蛋白质凝结成块，影响消化吸收。

另一做法

加入香蕉，味道会更好。

葡萄柳橙汁

原料

葡萄 10 颗，柳橙 1/2 个，水 200 毫升

做法

① 将葡萄洗净，去皮去子，取出果肉。

② 将柳橙去皮，切成块状。

③ 将准备好的葡萄、柳橙和水一起放入榨汁机榨汁。

小贴士

在食用葡萄后应间隔 4 小时再吃水产品，以免葡萄中的鞣酸与水产品中的钙质形成难以吸收的物质，影响健康。

另一做法

加入冰糖，味道会更好。

荔枝柠檬汁

原料

荔枝 10 颗，柠檬 1/4 个，水 200 毫升，冰糖适量

做法

① 将荔枝去壳去核，取出果肉。

② 将柠檬洗净，切成块状。

③ 将准备好的荔枝、柠檬和水一起放入榨汁机榨汁，倒入杯中加冰糖调味即可。

小贴士

荔枝因为含糖多，有些人的消化道因缺乏双糖酶而不能够完全消化，多食会上火并引起体内糖代谢紊乱，甚至会引起腹泻，从而出现大汗、头晕、腹痛、腹泻、皮疹等过敏症状。

另一做法

加入柚子，味道会更好。

木瓜汁

原料

木瓜 1/2 个，水 200 毫升

做法

❶ 将木瓜洗净去皮去瓤，切成块状。

❷ 将切好的木瓜和水一起放入榨汁机榨汁即可。

小贴士

木瓜蛋白酶可以用来把鸡肉分解成水状，然后经过干燥后可以做成鸡精，还可以用来分解虾、鱼类等做成各种调料，分解大豆做成各种规格的蛋白粉等。

另一做法

加入酸奶，味道会更好。

木瓜柳橙鲜奶汁

原料

木瓜 1/2 个，柳橙 1 个，鲜奶 200 毫升

做法

❶ 将木瓜洗净，去皮去瓤，切成块状；将柳橙去皮，分成瓣。

❷ 将切好的木瓜和柳橙、鲜奶一起放入榨汁机榨汁。

小贴士

木瓜茶也能起到丰胸美体的作用。泡木瓜茶以选用圆形未熟的雌性果为佳，把一头切平做壶底，另一头切开，掏出种子后放入茶叶，再把切去的顶端当成盖子盖上，过几分钟就可品尝到苦中带甜、充满木瓜清香的木瓜茶了。

另一做法

加入白糖，味道会更好。

木瓜菠萝汁

原料

木瓜 1/2 个，菠萝 2 片，水 200 毫升

做法

❶ 将木瓜洗净，去皮去瓤，切成块状。

❷ 将菠萝洗净，切成块状。

❸ 将切好的木瓜、菠萝和水一起放入榨汁机榨汁。

小贴士

　　菠萝虽然好吃，但其酸味强劲且具有凉身的作用，因此并非人人适宜。患低血压、内脏下垂的人应尽量少吃菠萝，以免加重病情；怕冷、体弱的女性朋友吃菠萝最好控制在半个以内，太瘦或想增胖者也不宜多吃。

另一做法

　　加入草莓，味道会更好。

芒果苹果香蕉汁

原料

芒果、苹果各 1 个，香蕉 1 根，水 200 毫升

做法

❶ 将芒果去皮去核，切块；将苹果洗净后去核，切块；剥去香蕉的皮和果肉上的果络，切块备用。

❷ 将切好的芒果、苹果、香蕉和水一起放入榨汁机榨汁。

小贴士

　　蔬菜水果在食用之前，要注重清洗的方法，最好的方法是以流动的清水洗涤，借助水的清洗及稀释能力，可把残留在蔬果表面上的部分农药去除。

另一做法

　　加入酸奶，味道会更好。

柳橙苹果汁

原料
柳橙、苹果各 1 个，水 200 毫升

做法
1. 将柳橙去皮，分开。
2. 将苹果洗净去核，切成块状。
3. 将准备好的柳橙、苹果和水一起放入榨汁机榨汁。

小贴士
　　面对多变的天气不小心着凉，有初期的感冒症状时，饮用富含维生素 C 的柳橙汁，除了能补充感冒时所需的维生素 C 外，也能让身体吸收果汁中的营养。同时，柳橙还能帮助身体吸收铁质。

另一做法
　　加入香蕉，味道会更好。

橙子柠檬汁

原料
橙子 1 个，柠檬 2 片，水 200 毫升

做法
1. 将橙子去皮，切成块状。
2. 将柠檬洗净，切成块状。
3. 将切好的橙子、柠檬和水一起放入榨汁机榨汁。

小贴士
　　将鲜柠檬两只切碎，用消毒纱布包扎成袋，放入浴盆中浸泡 20 分钟；也可以用半汤匙柠檬油代之，再放入 38 ~ 40℃的温水中，进行沐浴，大约洗 10 分钟，有助于清除汗液、异味、油脂，润泽全身肌肤。

另一做法
　　加入白糖，味道会更好。

柚子汁

原料
柚子 4 片，水 200 毫升

做法
❶ 将柚子去皮去子，切成块状。
❷ 将切好的柚子和水一起放入榨汁机榨汁
即可。

小贴士
　　柚子的挑选：一要挑选比较重的柚子；二
是柚子表皮的毛孔越细越好；三要看柚子果形
是否匀称，底部是否稳重；四是若要马上食用
柚子，最好是挑选表面较黄者，若要放久一点，
则最好选择颜色泛绿者。

另一做法
　　加入蜂蜜，味道会更好。

杨桃汁

原料
杨桃 1 个，水 200 毫升

做法
❶ 将杨桃洗净，切成片，剔除籽。
❷ 将切好的杨桃和水一起放入榨汁机榨汁
即可。

小贴士
　　杨桃可以分为甜、酸两种类型，前者清甜
爽脆，适宜鲜吃或加工成杨桃汁、罐头，无论
鲜吃或加工，这种杨桃的品质、风味都是相当
好的；后者俗称"三稔"，果实大而味酸且带
有涩味，不适合鲜吃，多用作烹调配料或蜜饯
原料。

另一做法
　　加入蜂蜜，味道会更好。

第二章
排毒养颜蔬菜汁

蔬菜是日常饮食的重要组成部分，它富含多种营养素，在膳食结构中具有不可替代的地位。将蔬菜加工制作成蔬菜汁，更易食用和消化，还能补充身体所需的各种能量和营养。本篇罗列的各色蔬菜汁选用了取材最方便的时鲜蔬菜，让你能轻松吸收蔬菜的精华，收获养颜与排毒的双重功效。

西红柿汁

原料

西红柿 2 个，水 100 毫升，盐 5 克

做法

❶ 西红柿用水洗净，去蒂，切成四块。

❷ 在榨汁机内加入西红柿、水和盐，搅打均匀。

❸ 把西红柿汁倒入杯中即可。

小贴士

　　要选用大一点的西红柿，汁水会丰富一些；在剥西红柿皮时把开水浇在西红柿上，或者把西红柿放入开水中焯一下，皮就很容易被剥掉了。

另一做法

　　加入菜花，味道会更好。

黄瓜汁

原料

黄瓜 300 克，白糖 10 克，冷开水少许，柠檬 50 克

做法

❶ 黄瓜洗净，去蒂，稍焯水备用；柠檬洗净后切片。

❷ 将黄瓜切碎，与柠檬一起放入榨汁机内加少许水榨成汁。

❸ 取汁，加入白糖搅拌至溶化即可。

小贴士

选用带刺的嫩黄瓜，味道更鲜美；清洗黄瓜时绝对不要在水中浸泡过长时间，否则黄瓜内的维生素会悉数流失，使营养价值降低。

另一做法

加点鲜奶，味道会更好。

胡萝卜西红柿汁

原料

胡萝卜 80 克，西红柿 1/2 个，橙子 1 个，冰糖少许

做法

❶ 将西红柿洗净，切成块；胡萝卜洗净，切成片；橙子剥皮，备用。

❷ 将西红柿、胡萝卜、橙子放入榨汁机里榨出汁，加入少许冰糖即可。

小贴士

橙子若有子，要先去子再榨汁；西红柿也可用开水烫一下，去皮；胡萝卜颜色愈深，则其胡萝卜素或铁盐含量愈高，红色的比黄色的高，黄色的又比白色的高。

另一做法

加入山药，味道会更好。

西红柿酸奶汁

原料

西红柿 100 克，酸奶 300 毫升

做法

① 将西红柿洗干净，去蒂，切成小块。

② 将切好的西红柿和酸奶一起放入搅拌机内，搅拌均匀即可。

小贴士

　　西红柿用开水烫一下，更易去掉表皮；每天喝一杯西红柿汁或常吃西红柿，对祛斑有较好的作用，因为西红柿中富含谷胱甘肽，而谷胱甘肽可抑制黑色素，从而使沉着的色素减退或消失。

另一做法

　　加入蜂蜜，味道会更好。

双芹菠菜蔬菜汁

原料

芹菜 100 克，胡萝卜 100 克，西芹 20 克，菠菜 80 克，柠檬汁少许，冷开水 250 毫升

做法

① 将芹菜、西芹、菠菜洗净，均切成小段；胡萝卜洗净，削皮，切成小块。

② 将上述所有原料放入榨汁机中，榨出汁，加入柠檬汁、冷开水拌匀即可。

小贴士

　　芹菜是高纤维食物，它经肠内消化作用会产生一种叫木质素或肠内脂的物质，这类物质是一种抗氧化剂，常吃芹菜，可以有效帮助皮肤抗衰老，达到美白护肤的目的。

另一做法

　　加少许盐，味道会更好。

黄瓜莴笋汁

原料

黄瓜 1/2 根，莴笋 1/2 根，梨 1 个，新鲜菠菜 75 克，碎冰适量

做法

❶ 黄瓜洗净，切大块；莴笋去皮，切片；梨洗净，去皮、去心，切块；菠菜择洗干净，去根。

❷ 将黄瓜块、莴笋片、梨块、菠菜放入榨汁机榨成汁，倒入杯中碎冰上即可。

小贴士

　不要使用普通的洗涤剂清洗黄瓜，因为洗涤剂本身含有的化学成分容易残留在黄瓜上，对人体健康不利，最好的办法是使用盐水冲洗黄瓜。

另一做法

　加入苹果，味道会更好。

黄瓜生菜冬瓜汁

原料

黄瓜 1 根，冬瓜 50 克，生菜叶 30 克，柠檬 1/4 个，菠萝 100 克，冰水 150 毫升

做法

❶ 柠檬、菠萝去皮，洗净；黄瓜、生菜洗净；冬瓜去皮去子，洗净。将上述原料切成大小适当的块。

❷ 将所有原料放入榨汁机一起搅打成汁，滤出果肉即可。

小贴士

　如若不嫌口感有些涩，可以不去冬瓜皮，因为冬瓜皮具有很高的药用价值。

另一做法

　加入木耳，味道会更好。

西蓝花包菜汁

原料

西蓝花 100 克，圣女果 10 颗，包菜 50 克，柠檬汁 100 毫升

做法

❶ 将西蓝花、圣女果、包菜洗净，切成大小适当的块，放入榨汁机中，榨出汁液。

❷ 加柠檬汁拌匀即可。

小贴士

多吃圣女果可以使皮肤焕发光彩，因为圣女果中含有一种天然的果胶，食用可以有效清除体内的垃圾。圣女果除了食用，还可以外用，圣女果汁对肌肤有很好的滋补作用。圣女果汁不但能消除皱纹和雀斑，并且含有苹果酸、柠檬酸等弱酸成分，这些对肌肤十分有益，能使皮肤保持弱酸性，呈现健康美丽的状态。

另一做法

选用大个西红柿榨汁，汁液更丰富，加入枸杞子，味道会更好。

牛蒡芹菜汁

原料

牛蒡 2 根，芹菜 2 根，蜂蜜少许，冷开水 200 毫升

做法

① 将牛蒡洗净，去皮，切块备用。

② 将芹菜洗净，去叶后备用。

③ 将上述原料与冷开水一起放入榨汁机中榨汁，再加入蜂蜜拌匀即可。

小贴士

牛蒡用水焯一下再榨汁，味道更佳；选购芹菜时，梗不宜太长，以 20 ～ 30 厘米长、短而粗壮的为佳，菜叶要翠绿、不枯黄。

另一做法

加入莲藕，味道会更好。

芹菜西红柿汁

原料

西红柿 400 克，芹菜 1 棵，柠檬 1 个，冷开水 240 毫升

做法

① 西红柿洗净，切丁。

② 芹菜择洗干净，切成小段；柠檬洗净，切成薄片。

③ 将西红柿丁、芹菜段、柠檬片和冷开水一起放入榨汁机内，搅拌2分钟即可。

小贴士

西红柿很容易搅碎，对半切四块即可；将鲜熟西红柿去皮和子后捣烂敷患处，每日2～3次，可治真菌、感染性皮肤病。

另一做法

加入香菇，味道会更好。

南瓜汁

原料

南瓜 100 克，椰奶 50 毫升，红糖 10 克，冷开水 350 毫升

做法

❶ 将南瓜去皮，洗净后切丝，用水煮熟后捞起沥干。

❷ 将所有原料放入榨汁机内，搅打成汁即可。

小贴士

南瓜含有丰富的胡萝卜素和维生素 C，可以健脾、预防胃炎、防治夜盲症、护肝、使皮肤变得细嫩，并有中和致癌物质的作用。

另一做法

加入莲子，味道会更好。

南瓜牛奶汁

原料

南瓜 100 克，柳橙 1/2 个，牛奶 200 毫升

做法

❶ 将南瓜洗净，去掉外皮，入锅中蒸熟；将柳橙去掉外皮，切成小块。

❷ 将南瓜、柳橙、牛奶倒入搅拌机搅匀、打碎即可。

小贴士

南瓜中含有大量的锌，有益皮肤和指甲健康，其中抗氧化剂 β - 胡萝卜素具有护眼、护心的作用，还能很好地消除亚硝酸胺的突变，制止癌细胞的出现。

另一做法

加点绿豆，味道会更好。

土豆莲藕汁

原料

土豆 80 克，莲藕 80 克，蜂蜜 20 毫升，冰块少许

做法

1 土豆及莲藕均洗净，去皮煮熟，待凉后切小块。

2 将所有原料放入搅拌机中，高速搅打40秒即可。

小贴士

土豆具有抗衰老的功效。它含有丰富的B 族维生素及大量的优质纤维素，还含有微量元素、氨基酸、蛋白质、脂肪和优质淀粉等营养素。

另一做法

加入芹菜，味道会更好。

芦荟汁

原料

鲜芦荟 200 克

做法

1 将芦荟洗净，去外皮及刺。

2 放入榨汁机中榨成汁即可。

小贴士

选用肥厚一点的芦荟，汁液更丰富。芦荟是热带沙漠植物，可以药用，同时还具有保健作用，吃芦荟要根据个人体质，芦荟对于实热体质比较适宜，对于虚寒体质以及阳虚、气虚的人就不太适宜，比如性功能下降者、怕冷者、精力不足者、体力不足者、记忆下降者、活力不足者等。

另一做法

加入柠檬汁，味道会更好。

土豆胡萝卜汁

原料

土豆 40 克，胡萝卜 10 克，冷开水 350 毫升，糙米饭 30 克，白糖适量

做法

① 土豆洗净后去皮，切丝，氽烫捞起，以冰水浸泡；胡萝卜洗净，切块。

② 将土豆、胡萝卜、糙米饭与白糖倒入果汁机中，加冷开水搅打成汁。

小贴士

　　胡萝卜中的胡萝卜素转变成维生素 A，有助于增强机体的免疫功能，在预防上皮细胞癌变的过程中具有重要作用；胡萝卜中的木质素也能提高机体免疫力，间接消灭癌细胞。

另一做法

　　加入冰块，味道会更好。

银耳汁

原料

银耳 70 克，山药 20 克，鲜百合 20 克，水适量，冰块少许

做法

① 银耳以冷水泡至软，用水煮沸后再煮 30 分钟，捞起，放凉；山药洗净，去皮，切块；百合洗净，焯烫。

② 将银耳、山药与百合倒入搅拌机中，加适量水搅打成汁后加入冰块即可。

小贴士

　　银耳又称白木耳、雪耳等，属于真菌类银耳科银耳属，是门担子菌门真菌银耳的子实体，有"菌中之冠"的美称，最好用温水泡发。

另一做法

　　加入枸杞子，味道会更好。

包菜菠萝汁

原料

包菜 100 克，菠萝 150 克，柠檬 1 个，冰块少许

做法

❶ 将包菜洗净，菜叶卷成卷；将菠萝削皮，洗净，切块；将柠檬洗净，切片。

❷ 将包菜、菠萝、柠檬放进榨汁机，榨出汁倒入杯中。

❸ 向果汁中加少许冰块即可。

小贴士

选购包菜时要注意，优质包菜相当坚硬结实，放在手上很有分量，外面的叶片呈绿色并且有光泽。

另一做法

饮用时添加少许盐，喝来口感会清爽可口，或者加入西红柿，味道会更好。

包菜火龙果汁

原料

包菜 100 克，火龙果 120 克，胡萝卜片 20 克，冷开水适量，盐少许

做法

❶ 将火龙果洗净，去皮，切成碎块；包菜洗净，撕成小片；胡萝卜片洗净。

❷ 将上述原料放入榨汁机中，加冷开水，搅打成汁，加盐调味即可。

小贴士

选择火龙果时表面红色的地方越红越好，绿色的部分也要越绿的越新鲜，若是绿色部分变得枯黄，就表示已经不新鲜了。本品性凉，女性在月经期间不宜饮用。

另一做法

加入柠檬，味道会更好。

包菜苹果汁

原料

包菜 100 克，苹果 100 克，柠檬 1/2 个，冷开水 500 毫升

做法

① 包菜洗净，切丝；苹果去核，切块。

② 柠檬洗净，榨汁备用。

③ 将包菜、苹果放入榨汁机中，加入冷开水后榨成汁。

④ 加入柠檬汁调味即可。

小贴士

选购苹果时，以色泽鲜艳、外皮苍老、果皮外有一层薄霜的为好。

另一做法

加入牛奶，味道会更好。

包菜木瓜汁

原料

包菜 120 克，木瓜 1/2 个，柠檬 1/2 个，蜂蜜、冰块各少许

做法

① 将包菜洗净，菜叶卷成卷；木瓜洗净，削皮，切块；柠檬洗净，切片备用。

② 将包菜、柠檬放入榨汁机榨汁，再在果汁中加入木瓜和蜂蜜，搅拌30秒，放入冰块融化即可。

小贴士

将木瓜放入清水中浸泡一下，更易去皮。木瓜深受女孩的喜爱，对减肥很有帮助，营养丰富，有"岭南果王"之称。

另一做法

加入苹果，味道会更好。

木瓜香蕉牛奶汁

原料

木瓜 1/2 个，香蕉 1 根，牛奶 200 毫升

做法

❶ 将木瓜洗净去瓤，切成块状。

❷ 剥去香蕉的皮和果肉上的果络，用刀切成块状。

❸ 将切好的木瓜、香蕉和牛奶一起放入榨汁机榨汁。

小贴士

　　香蕉是人们喜爱的水果之一，欧洲人因它能解除忧郁而称它为"快乐水果"，而且香蕉还是女孩子们钟爱的减肥佳果。

另一做法

　　加入蜂蜜，味道会更好。

菠萝芹菜汁

原料

菠萝 150 克，柠檬 1 个，芹菜 100 克，冷开水 60 毫升，蜂蜜 15 毫升，冰块 70 克

做法

❶ 菠萝去皮、切块；柠檬洗净，对切后取1/2压汁；芹菜去叶，洗净，切成段。

❷ 将冰块、菠萝及其他原料放入搅拌机内，以高速搅打40秒即可。

小贴士

　　菠萝性平，味甘、微酸、微涩，具有清暑解渴、消食止泻、补脾胃、固元气、益气血、消食、祛湿、养颜瘦身等功效，为夏令医食兼优的时令佳果，不过一次也不宜食用太多。

另一做法

　　加入盐，味道会更好。

菠萝西红柿汁

原料

菠萝 50 克，西红柿 1 个，柠檬 1/2 个，蜂蜜少许

做法

❶ 将菠萝洗净，去皮，切成小块。

❷ 将西红柿洗净，去皮，切小块；柠檬洗净，切片。

❸ 将以上原料倒入榨汁机内，搅打成汁，加入蜂蜜拌匀即可。

小贴士

　　青色的西红柿不宜用来榨汁，要选用又大又红的西红柿，汁液较多。

另一做法

　　加入苹果，味道会更好。

胡萝卜石榴包菜汁

原料

胡萝卜 1 根，石榴子少许，包菜 2 片，冷开水、蜂蜜各适量

做法

❶ 将胡萝卜洗净，去皮，切成条；将包菜洗净，撕成片。

❶ 将胡萝卜、石榴子、包菜放入榨汁机中搅打成汁，再加入蜂蜜、冷开水即可。

小贴士

　　选购时，以果实饱满、重量较重，且果皮表面色泽较深的石榴较好。

另一做法

　　加入红豆，味道会更好。

胡萝卜葡萄汁

原料

葡萄 100 克, 胡萝卜 30 克, 苹果 1/4 个, 柠檬、冰水各适量

做法

1 将胡萝卜洗净, 去皮; 苹果洗净, 去皮, 去核; 葡萄洗净, 去子。

2 将胡萝卜、苹果切块, 放入榨汁机与葡萄、柠檬、冰水一起搅打成汁, 再倒入杯中搅拌均匀即可。

小贴士

可用面粉清洗葡萄, 这样葡萄上的脏物很容易被黏稠的面粉水粘下来带走。

另一做法

加入香蕉, 味道会更好。

胡萝卜包菜汁

原料

包菜 50 克, 胡萝卜 80 克, 柠檬汁 10 毫升

做法

1 将包菜洗净, 切成 4～6 等份; 胡萝卜洗净, 切成细长条。

2 将洗净的包菜、胡萝卜条放入榨汁机中榨成汁。

3 加入柠檬汁, 倒入杯中搅拌均匀即可。

小贴士

宜选购体形圆直、表皮光滑、色泽橙红、无须根的胡萝卜。

另一做法

加入苹果, 味道会更好。

胡萝卜豆浆汁

原料

胡萝卜150克，苹果150克，橘子1个，豆浆240毫升

做法

❶ 将胡萝卜洗净，削皮，切成块。

❷ 将苹果洗净，去皮，去核；橘子剥皮、去子，切成小块。

❸ 将胡萝卜、苹果、橘子、豆浆放入榨汁机内，搅打成汁即可。

小贴士

　　把切好的胡萝卜放在碗里加盐水浸泡5～10分钟，味道更佳。

另一做法

　　加入白糖，味道会更好。

胡萝卜红薯汁

原料

胡萝卜70克，红薯1个，核桃仁1克，牛奶250毫升，蜂蜜10毫升，炒过的芝麻10克

做法

❶ 将胡萝卜洗净，去皮，切成块；红薯洗净，去皮，切小块；胡萝卜、红薯均用开水焯一下；核桃仁冲洗一下备用。

❷ 将所有原料放入榨汁机，一起搅打成汁，滤入杯中即可。

小贴士

　　以外皮完整结实、表皮少皱纹，且无斑点、无腐烂情况的红薯为上品。

另一做法

　　加入柠檬，味道会更好。

黄瓜柠檬汁

原料

黄瓜 200 克，水 100 毫升，牛奶 150 毫升，柠檬 1/2 个

做法

1 黄瓜去皮，切成小块；柠檬切一半，榨成汁，另一半切成细丝。

2 用榨汁机挤压出黄瓜汁，再加柠檬汁、牛奶和水，撒上柠檬丝即可。

小贴士

最好不要购买手摸发软、底端变黄且子多的黄瓜，因为这样的黄瓜可能不新鲜了。

另一做法

加入少许蜂蜜拌匀，味道会更好。

胡萝卜桂圆汁

原料

桂圆 50 克，胡萝卜 1/2 根，蜂蜜适量

做法

❶ 将胡萝卜洗净，切小块备用。

❷ 将桂圆去皮及核，与胡萝卜一起放入榨汁机中打成汁，倒入杯中，加入蜂蜜搅拌均匀即可。

小贴士

　　桂圆含丰富的葡萄糖、蔗糖和蛋白质等，含铁量也比较高，可在提高热能、补充营养的同时促进血红蛋白再生，从而达到补血的效果。桂圆性温，有上火发炎症状的时候不宜饮用桂圆汁，孕产妇更宜少饮。

另一做法

　　加入柠檬，味道会更好。

西红柿芒果汁

原料

西红柿 1 个，芒果 1 个，蜂蜜少许

做法

❶ 西红柿洗净，切块；芒果洗净，去皮，去核，将果肉切成小块，和西红柿块一起放入榨汁机中榨汁。

❷ 将汁液倒入杯中，加入蜂蜜拌匀即可。

小贴士

　　芒果为著名热带水果之一，因其果肉细腻、风味独特、营养丰富、深受人们喜爱，所以素有"热带果王"之誉。榨汁时宜选皮质细腻且颜色深的芒果。

另一做法

　　加入盐，味道会更好。

西红柿包菜柠檬汁

原料
西红柿 2 个，包菜 80 克，甘蔗汁 1 杯，柠檬汁少许

做法
❶ 将西红柿和包菜洗净，切小块备用。
❷ 将西红柿和包菜放入榨汁机，搅打均匀，倒入杯中，再加入柠檬汁和甘蔗汁，调匀即可。

小贴士
　　要选择外皮颜色深、杆体粗壮的甘蔗；甘蔗中含有丰富的糖分、水分，还含有对人体新陈代谢非常有益的各种维生素、脂肪、蛋白质、有机酸、钙、铁等物质。

另一做法
　　加入苹果，味道会更好。

胡萝卜桃子汁

原料
桃子 1/2 个，胡萝卜 50 克，红薯 50 克，牛奶 200 毫升

做法
❶ 胡萝卜洗净，去皮；桃子洗净，去皮，去核；红薯洗净，切块，焯一下水。
❷ 将胡萝卜、桃子以适当大小切块，与其他所有原料一起榨汁即可。

小贴士
　　桃子用盐水浸泡，能更好地去掉表面的绒毛；桃子素有"寿桃"和"仙桃"的美称，因其肉质鲜美，又被称为"天下第一果"。

另一做法
　　加入香蕉，味道会更好。

西红柿柠檬牛奶汁

原料

西红柿1个，柠檬1/2个，牛奶200毫升，蜂蜜少许

做法

❶ 将西红柿洗净，切成小块；柠檬洗净，切成薄片。

❷ 将西红柿、柠檬片、牛奶放入榨汁机内，搅打成汁，加蜂蜜调味即可。

小贴士

　　牛奶中的纯蛋白含量高，常喝牛奶可美容。新鲜的牛奶呈乳白色或稍带微黄色，有新鲜牛乳固有的香味，无异味，呈均匀的流体状。

另一做法

　　加入苹果，味道会更好。

菠菜芝麻牛奶汁

原料

菠菜1根，黑芝麻10克，牛奶1/2杯，蜂蜜少许

做法

❶ 将菠菜洗净，去根。

❷ 将菠菜、黑芝麻、牛奶一起放入榨汁机中，榨成汁，倒入杯中，调入蜂蜜搅拌均匀即可。

小贴士

　　黑芝麻为药食兼用品种。药用有补肾、乌发之功效，长期食用，有医疗保健之功效。榨汁时宜选用颗粒饱满、有特殊香味的黑芝麻。

另一做法

　　加入盐，味道会更好。

菠菜哈密瓜包菜汁

原料
菠菜 100 克，哈密瓜 150 克，包菜 50 克，柠檬汁少许

做法
❶ 将菠菜洗净，去梗，切成小段；将哈密瓜去皮，去子，切块。
❷ 将包菜洗净，切块。
❸ 将以上原料放入榨汁机中榨汁，再加入柠檬汁即可。

小贴士
挑选包菜时，以顶部包心紧、分量重、颜色鲜嫩的为好。

另一做法
加入牛奶，味道会更好。

菠菜芹菜汁

原料
菠菜 300 克，芹菜 200 克，香蕉 1/2 根，柠檬 1/4 个，冷开水适量

做法
❶ 将菠菜泡水洗净，去根，切段；将芹菜洗净切段；香蕉去皮，切块；柠檬洗净，切片，榨汁备用。
❷ 将除柠檬汁以外的原料放入榨汁机中榨成汁，再加入柠檬汁，拌匀即可。

小贴士
榨汁时不要把芹菜嫩叶扔掉，不过要去掉芹菜的老根并撕去老筋。

另一做法
加入可乐，味道会更好。

莲藕菠萝芒果汁

原料

莲藕 30 克，菠萝 50 克，芒果 1/2 个，柠檬汁少许，冰水 300 毫升

做法

❶ 将菠萝、莲藕洗净后去皮，芒果洗净后去皮，去核，均切成适当大小的块。

❷ 将所有原料放入榨汁机一起搅打成汁，滤出果肉即可。

小贴士

　　莲藕的营养价值很高，富含铁、钙等微量元素，植物蛋白质、维生素以及淀粉含量也很丰富，有明显的补益气血、增强人体免疫力的作用。榨汁时要选择两端节细、身圆而笔直的莲藕。

另一做法

　　加入牛奶，味道会更好。

莲藕柳橙蔬果汁

原料

莲藕 30 克，柳橙 1 个，苹果 1/2 个，生菜 30 克，蜂蜜 3 毫升，冷开水 30 毫升

做法

❶ 将苹果洗净，去皮，去核，切块；将柳橙洗净，切小块；将莲藕洗净，去皮，切小块；生菜洗净，撕片备用。

❷ 将以上材料与冷开水放入榨汁机中榨成汁，加入蜂蜜即可。

小贴士

　　手轻敲莲藕，声厚实，且皮颜色为淡茶色，没有伤痕的是佳品。

另一做法

　　加入盐，味道会更好。

第三章
抗皱护肤蔬果汁

蔬菜和水果可提供人体需要的多种维生素和矿物质，每日食用500克以上的蔬菜、水果才能满足人体对维生素最基本的需求。在蔬菜、水果日摄取量不足500克的情况下，饮用鲜榨蔬果汁是很好的补充营养、抗皱护肤的方式。低热量、富含维生素及矿物质的蔬果汁，是您养护肌肤的最佳饮品。

莲藕苹果汁

原料

莲藕 1/3 个，柳橙 1 个，苹果 1/2 个，冷开水 30 毫升，蜂蜜 3 毫升

做法

❶ 将苹果洗净，去皮，去核，切块；将柳橙洗净，切块；将莲藕洗净，去皮，切小块备用。

❷ 将莲藕块、柳橙块、苹果块与冷开水放入榨汁机中榨成汁，加入蜂蜜即可。

小贴士

　　要选择果皮光滑、果实完整的柳橙。柳橙的营养成分中有丰富的膳食纤维，对于有便秘困扰的人而言，柳橙中丰富的膳食纤维可帮助排便。

另一做法

　　加入盐，味道会更好。

南瓜香蕉牛奶汁

原料

南瓜 60 克，香蕉 1 根，牛奶 200 毫升

做法

❶ 将香蕉去掉外皮，切成适当大小的块，备用；将南瓜洗干净，去皮，切块，入锅中煮熟，捞出，备用。

❷ 将所有的原料放入搅拌机内搅打成汁即可。

小贴士

　　香蕉有促进肠胃蠕动、润肠通便、润肺止咳、清热解毒、助消化和滋补的作用，并且容易消化、吸收，补给均衡的营养。

另一做法

　　加入红枣，味道会更好。

西红柿沙田柚汁

原料
沙田柚 1/2 个，西红柿 1 个，冷开水 200 毫升，
蜂蜜适量

做法
❶ 将沙田柚洗净，切开，放入榨汁机中榨汁
待用。
❷ 将西红柿洗净，切块，与沙田柚汁、冷开
水放入榨汁机内榨汁。
❸ 饮前在果汁中加适量蜂蜜即可。

小贴士
沙田柚成熟的果面应该是呈略深的橙黄
色，具有健胃、润肺、补血、清肠、利便等功
效，可促进伤口愈合、养护肌肤。

另一做法
加入苹果，味道会更好。

南瓜木瓜汁

原料
木瓜 1/4 个，柠檬 1/4 个（取汁），南瓜 60 克，
豆奶 200 毫升，冰水 200 毫升

做法
❶ 将木瓜洗净后去皮，去子，切块；南瓜洗
净后去皮，去子，切块，煮熟。
❷ 将所有原料放入榨汁机一起搅打成汁，滤
出果肉即可。

小贴士
南瓜含有丰富的胡萝卜素和维生素 C，可
以健脾益胃，使皮肤变得细嫩，并有中和致癌
物质的作用。

另一做法
加入盐，味道会更好。

香芹苹果汁

原料

香芹 80 克，苹果 150 克，柠檬 1 个，糖水 50 毫升

做法

① 将苹果去皮，去核，切块；香芹洗净，切段；柠檬去皮，去子，切片。

② 将上述原料一起用榨汁机榨成汁。

③ 将汁装入杯中，再加糖水拌匀即可。

小贴士

　　香芹含铁量较高，具有益气补血的功效，而且含有抗氧化剂，可延缓皮肤衰老、美白肌肤；苹果中的营养成分可溶性大，易被人体吸收，故有"活水"之称，有利于溶解硫元素，使皮肤润滑柔嫩；柠檬中的柠檬酸不但能防止和消除色素在皮肤内的沉着，而且能软化皮肤的角质层，令肌肤变得白净有光泽。三者合打成果汁饮用，护肤效果更佳。

另一做法

　　加入酸梅汁，味道会更好。

芹菜柿子饮

原料
芹菜 85 克，柿子 1/2 个，柠檬 1/4 个，酸奶 1/2 杯，冰块少许

做法
❶ 将芹菜去叶，柿子去皮，洗后均以适当大小切块。
❷ 将所有原料放入榨汁机一起搅打成汁，加入冰块即可。

小贴士
　　柿子富含果胶，它是一种水溶性的膳食纤维，有良好的润肠通便作用，对于缓解便秘、保持肠道正常菌群生长等有很好的作用。喝柿子汁时，切忌空腹饮用，以免形成结石。

另一做法
　　加入冰糖，味道会更好。

芹菜橘子汁

原料
彩椒 1 个，芹菜 1/3 个，苹果 1/2 个，橘子 1 个，冰水 200 毫升

做法
❶ 将橘子去皮，彩椒去子，芹菜去叶，苹果去核留皮，洗净后均以适当大小切块。
❷ 将所有原料放入榨汁机一起搅打成汁，滤出果肉即可。

小贴士
　　芹菜是高纤维食物，它经肠内消化作用会产生一种叫木质素或肠内脂的物质，这类物质是一种抗氧化剂，常吃芹菜，可以有效帮助皮肤抵抗衰老，达到美白护肤的目的。

另一做法
　　加入西瓜，味道会更好。

芹菜西红柿饮

原料
西红柿 2 个，芹菜 100 克，柠檬 1 个

做法
1. 将西红柿洗净，切成小块。
2. 将芹菜洗净，切小段；柠檬洗净，切片。
3. 将所有原料放入榨汁机内，榨出汁，拌匀即可。

小贴士
　　春季气候干燥，人体会感到口干舌燥、气喘心烦、身体不适，常饮用些芹菜西红柿饮有助于清热解毒、祛病强身。此饮适宜肝火过旺、皮肤粗糙及经常失眠、头疼者。

另一做法
　　加入牛奶，味道会更好。

芹菜杨桃葡萄汁

原料
芹菜 30 克，杨桃 50 克，葡萄 100 克，水 500 毫升

做法
1. 将芹菜洗净，切成小段。
2. 将杨桃洗净，切成小块；葡萄洗净后对切，去子。
3. 将所有原料倒入榨汁机内，榨出汁即可。

小贴士
　　杨桃中所含的大量糖类及维生素、有机酸等，是人体维持生命活动所需的重要物质，经常食用可补充机体营养，增强抗病能力。

另一做法
　　加入盐，味道会更好。

西芹橘子哈密瓜汁

原料

西芹、橘子各 100 克，哈密瓜 200 克，西红柿 50 克，蜂蜜、冷开水各少许

做法

❶ 将哈密瓜、橘子去皮，去子，切块；西芹洗净，切小段；西红柿洗净，切薄片备用。

❷ 将以上原料放入榨汁机，加冷开水榨汁，再加入蜂蜜调味即可。

小贴士

哈密瓜有"瓜中之王"的美称，含糖量高、形态各异、风味独特，具有疗饥、利便、益气、清肺热、止咳的功效，适宜肾病、胃病、咳嗽痰喘、贫血和便秘患者食用。

另一做法

加入香瓜，味道会更好。

西芹苹果汁

原料

西芹 30 克，苹果 1 个，胡萝卜 50 克，柠檬 1/3 个，蜂蜜少许

做法

❶ 将西芹洗干净，切成小段；苹果、柠檬洗干净，切成小块；将胡萝卜洗干净，切成小块。

❷ 将以上原料倒入榨汁机内榨出汁，加入蜂蜜拌匀即可。

小贴士

苹果削皮后，不宜久放，以免氧化变色，造成维生素 C 流失，影响营养价值。

另一做法

加入红枣，味道会更好。

西芹西红柿柠檬汁

原料

西芹1根，西红柿1个，柠檬汁50毫升，水100毫升，西蓝花5克

做法

❶ 将西芹用水洗净，去除坚硬的纤维质，切成小块。

❷ 西红柿用水洗净，去蒂，切成4块。

❸ 将上述原料放入果汁机内，加入水和柠檬汁搅打均匀，再在果汁内加入西蓝花点缀即可。

小贴士

　　使用榨汁机一定要把榨汁机按住再打开开关，直到东西搅碎为止，否则搅打得不均匀，汁水的口感也不好。

另一做法

　　加入牛奶，味道会更好。

山药苹果酸奶汁

原料

新鲜山药200克，苹果200克，冰糖少许，酸奶150毫升

做法

❶ 将山药洗净，削皮，切成块；苹果洗净，去皮，切成块。

❷ 将准备好的原料放入搅拌机内，倒入酸奶、冰糖搅打即可。

小贴士

　　以没有虫害、切口处有粘手的黏液，而且较重的山药较好。同一品种的山药，须毛越多口感更面，含山药多糖越多，营养也越好。

另一做法

　　加入柠檬，味道会更好。

山药蜂蜜汁

原料
山药 35 克，菠萝 50 克，枸杞子 30 克，蜂蜜 5 毫升

做法
❶ 山药洗净，去皮，切成段，备用；菠萝去皮，洗净，切块；枸杞子冲洗净，备用。
❷ 将山药、菠萝和枸杞子倒入榨汁机中榨汁，加蜂蜜拌匀即可。

小贴士
山药具有滋养强壮、助消化、敛虚汗、补脾养胃、生津益肺、补肾涩精、止泻的功效，是家常做菜离不了的佳品。不过其收涩作用明显，故大便燥结者不宜饮用此蔬果汁。

另一做法
加入红豆，味道会更好。

西红柿柠檬汁

原料
西红柿 300 克，芹菜 100 克，柠檬 1/2 个，冷开水 250 毫升

做法
❶ 将西红柿洗净，去皮，切块；芹菜洗净，切段；柠檬洗净，切片。
❷ 将以上原料倒入榨汁机内，加冷开水，搅打2分钟即可。

小贴士
西红柿营养丰富，具有特殊风味，有减肥瘦身、消除疲劳、增进食欲、提高对蛋白质的消化、减少胃胀食积等功效。

另一做法
加入苹果，味道会更好。

山药橘子苹果汁

原料

山药、橘子、菠萝、苹果、杏仁各适量，冰水 100 毫升，牛奶 200 毫升

做法

❶ 将山药、菠萝去皮，橘子去皮、去子，苹果去核，洗净后均切成适当大小的块。

❷ 将所有原料放入榨汁机一起搅打成汁，滤出果肉即可。

小贴士

购买山药时，以洁净、无畸形或分枝、根须多的山药为佳。

另一做法

加入盐，味道会更好。

莴笋西芹苹果汁

原料

莴笋 80 克，西芹 70 克，苹果 150 克，柠檬 1/2 个，冷开水 240 毫升

做法

❶ 将莴笋洗净，切成段；西芹洗净，切成段；柠檬洗净，去皮，切成小块。

❷ 将苹果洗净，带皮去核，切成块。

❸ 将所有原料放入榨汁机榨汁即可。

小贴士

莴笋叶的营养明显高于茎部，所以从营养方面考虑，应改变只吃莴笋茎不吃莴笋叶的习惯；莴笋汁不宜过量饮用，否则会诱发眼疾。

另一做法

加入西瓜，味道会更好。

莴笋菠萝汁

原料

莴笋 200 克，菠萝 45 克，蜂蜜 15 毫升，水 300 毫升

做法

❶ 莴笋洗净，切细丝；菠萝去皮，洗净，切小块。

❷ 将莴笋、菠萝、蜂蜜倒入果汁机内，加300毫升水搅打成汁即可。

小贴士

　　宜挑选叶绿、根茎粗壮、无腐烂疤痕的新鲜莴笋，口感佳。

另一做法

　　加入柠檬，味道会更好。

莴笋葡萄柚汁

原料

莴笋 100 克，苹果 50 克，葡萄柚 1/2 个，冰块少许

做法

❶ 莴笋洗净，切段，用热水焯烫。

❷ 苹果去皮、去核，切丁；葡萄柚去皮榨汁，取出备用。

❸ 将莴笋、苹果放入榨汁机中，加葡萄柚汁搅匀，再加入冰块即可。

小贴士

　　表皮是深黄色，散发清香味的才是新鲜成熟的葡萄柚。

另一做法

　　加入牛奶，味道会更好。

莴笋蔬果汁

原料

莴笋 80 克，西芹 70 克，苹果 150 克，猕猴桃 1/2 个，冷开水 240 毫升，白糖适量

做法

❶ 莴笋洗净，切段；西芹洗净，切段；猕猴桃去皮，洗净，切块。

❷ 将苹果洗净，带皮去核，切成块。

❸ 将除白糖以外的所有原料放入榨汁机内，搅打2分钟，加白糖拌匀即可。

小贴士

　　莴笋适宜小便不通、尿血及水肿、糖尿病和肥胖、神经衰弱症、高血压患者食用。莴笋去皮后，可放在开水中焯一下，去掉涩味。

另一做法

　　加入苦瓜，味道会更好。

茼蒿葡萄柚汁

原料

葡萄柚 1/2 个，茼蒿 30 克

做法

❶ 将葡萄柚去皮，切成小块；茼蒿洗净，切成小段。

❷ 将原料放入榨汁机中榨成汁即可。

小贴士

　　茼蒿营养十分丰富，除了含有维生素 A、维生素 C 之外，胡萝卜素的含量比菠菜还高，并含丰富的钙、铁，所以茼蒿也被称为铁钙的补充剂，可提高人体免疫力、改善贫血。

另一做法

　　加入白糖，味道会更好。

紫甘蓝南瓜汁

原料

南瓜 100 克，紫甘蓝 60 克，牛奶 250 毫升，炒过的白芝麻 10 克，蜂蜜 10 毫升

做法

❶ 南瓜去子洗净，带皮切成小块；紫甘蓝洗净掰成片，与南瓜块一起煮熟。

❷ 将所有原料放入榨汁机一起搅打成汁，滤出果肉留汁即可。

小贴士

南瓜中富含多种矿物质元素，如钙、钾、磷、镁等，可预防骨质疏松和高血压，特别适合中老年人与高血压患者食用。南瓜性温，胃热炽盛者宜少饮此蔬果汁。

另一做法

加入西瓜，味道会更好。

小白菜葡萄柚汁

原料

小白菜 1 棵，葡萄柚 1/2 个

做法

❶ 将小白菜洗净；葡萄柚去皮，果肉切成小块备用。

❷ 将备好的原料放入榨汁机中，榨成汁倒入杯中即可。

小贴士

小白菜所含的矿物质钙、磷能够促进骨骼发育，加速人体新陈代谢，增强机体造血功能，改善贫血和缺钙的情况。

另一做法

加入菠菜，味道会更好。

芦荟桂圆汁

原料

桂圆 80 克，芦荟 100 克，冷开水 300 毫升

做法

1. 桂圆洗净，去壳，取肉；芦荟洗净，去皮备用。
2. 将桂圆肉放入碗中，加沸水闷软。
3. 将以上原料一起放入榨汁机中，加入冷开水，快速搅拌即可。

小贴士

桂圆含丰富的葡萄糖、蔗糖和蛋白质等，含铁量也比较高，可在提高热能、补充营养的同时促进血红蛋白再生，从而达到补血的效果。芦荟凝胶的皮肤渗透性很强，可以直达皮肤深层，内含丰富的维生素、氨基酸、脂肪酸、多糖类物质，有保湿、美白、雀斑、祛痘等功效。两者一同食用，可以内外兼容地调理肌肤。选择桂圆时，以果肉透明但汁液不溢出、肉质结实的为佳。

另一做法

加入柠檬，味道会更好。

红薯苹果葡萄汁

原料

红薯 140 克，苹果 1/4 个，葡萄 60 克，蜂蜜 10 毫升

做法

❶ 将苹果去皮，去核，切块；红薯去皮，洗净，切块，入沸水中焯一下。

❷ 葡萄去子。

❸ 将以上原料与蜂蜜放入榨汁机一起搅打成汁，滤出果肉留汁即可。

小贴士

红薯富含膳食纤维，具有阻止糖分转化成脂肪的特殊功能，可以促进胃肠蠕动和防止便秘；表皮呈褐色或有黑色斑点的红薯不能吃。

另一做法

加入西瓜，味道会更好。

红薯叶苹果柳橙汁

原料

红薯叶 50 克，苹果、柳橙各 1/2 个，冷开水 300 毫升，冰块适量

做法

❶ 将红薯叶洗净；苹果、柳橙去皮，去核，切成块。

❷ 用红薯叶包裹苹果、柳橙，放入榨汁机内，加入冷开水，搅打成汁，加入冰块即可。

小贴士

红薯叶可使肌肤变光滑，经常食用有预防便秘、保护视力的作用，还能保持皮肤细腻、延缓衰老；要选择叶片完整、无萎蔫的红薯叶。

另一做法

加入牛奶，味道会更好。

芦荟柠檬汁

原料

芦荟 120 克，油菜 80 克，柠檬 1 个，胡萝卜 70 克，白糖适量

做法

❶ 将芦荟洗净，削皮；油菜洗净；柠檬洗净，切片；胡萝卜洗净，切块。

❷ 将除白糖以外的所有原料放入榨汁机榨汁，倒入杯中，加入白糖拌匀即可。

小贴士

芦荟凝胶具有极高的保湿功效，它的超强渗透力能够帮助肌肤捕捉氧气，锁住肌肤水分，芦荟有苦味，榨汁前去掉绿皮，水煮 3 ～ 5 分钟，即可去掉苦味。

另一做法

加入豆腐，味道会更好。

樱桃芹菜汁

原料

樱桃 6 颗，芹菜 200 克，冷开水适量

做法

❶ 将芹菜撕去老皮，切段，放入榨汁机中榨汁备用。

❷ 将樱桃洗净，去核，和芹菜汁一起倒入榨汁机中，榨成汁，加入冷开水搅匀即可。

小贴士

芹菜是高纤维食物，常吃芹菜，可以有效帮助皮肤抵抗衰老，达到美白护肤的目的；樱桃用开水烫一下，其中的小虫就会出来。

另一做法

加入盐，味道会更好。

油菜芹菜苹果汁

原料
油菜 40 克，芹菜 30 克，橙子 1/2 个，苹果 1 个，冰水 150 毫升

做法
❶ 将芹菜去叶，橙子去皮，苹果去核，油菜洗净，均切小块。
❷ 将所有原料放入榨汁机一起搅打成汁，滤出果肉留汁即可。

小贴士
　　购买油菜时要挑选新鲜、油亮、无虫、无黄叶的嫩油菜，用两指轻轻一掐即断者为佳；苹果先放进冰箱冰冻 10 分钟，这样榨出的果汁会十分鲜美。

另一做法
　　加入红枣，味道会更好。

油菜李子汁

原料
油菜 40 克，李子 4 个，冰块适量

做法
❶ 将李子去核，油菜洗净，均切小块。
❷ 将李子、油菜放入榨汁机一起搅打成汁，加入冰块即可。

小贴士
　　油菜中含有的维生素 C、胡萝卜素是人体黏膜及上皮组织维持生长的重要营养物质，常食具有美容作用，但肠胃不佳者不宜饮用。油菜不宜长时间保存，放在冰箱中可保存 24 小时左右。

另一做法
　　加入西瓜，味道会更好。

冬瓜苹果柠檬汁

原料

冬瓜 150 克，苹果 80 克，柠檬 30 克，冷开水 240 毫升

做法

① 将冬瓜削皮，去子，洗净后切成小块。
② 将苹果洗净后带皮去核，切成小块；柠檬洗净，切片。
③ 将所有原料放入榨汁机内搅打2分钟即可。

小贴士

冬瓜中所含的丙醇二酸，能有效地抑制糖类转化为脂肪，并且冬瓜本身不含脂肪，热量不高，可防止人体发胖，故适宜减肥者食用。

另一做法

加入花生，味道会更好。

青椒苹果汁

原料

青椒 1 个，苹果 1 个，西红柿 1 个，盐少许，冰块 70 克

做法

① 青椒洗净，去蒂，去子，切成小块备用。
② 西红柿洗净，去蒂，切成小块；苹果洗净，去皮，去核，切成小块。
③ 将冰块、青椒及其他原料放入搅拌机内，以高速搅打40秒即可。

小贴士

辣椒所含的辣椒素，能够促进脂肪的新陈代谢，防止体内脂肪积存，有利于降脂、减肥、防病。

另一做法

加入牛奶，味道会更好。

火龙果苦瓜汁

原料

火龙果肉 150 克，苦瓜 60 克，蜂蜜 15 毫升，矿泉水 100 毫升

做法

❶ 将火龙果肉切成小块；将苦瓜洗净，切成长条。

❷ 将火龙果、苦瓜倒入榨汁机内，搅打1分钟，加入蜂蜜、矿泉水即可。

小贴士

　　苦瓜含丰富的维生素 B_1、维生素 C 及矿物质，长期食用，能保持精力旺盛，对治疗青春痘有很大益处；苦瓜还具有清暑解渴、降血压、降血脂、养颜美容、促进新陈代谢等功能。

另一做法

　　加入白糖，味道会更好。

西蓝花葡萄汁

原料

西蓝花 100 克，梨 1 个，葡萄 200 克，碎冰适量

做法

❶ 西蓝花洗净，切块；葡萄洗净，去皮。

❷ 梨洗净，去皮，去心，切块。

❸ 把以上原料放入榨汁机中打成汁，倒入杯中，加冰块即可。

小贴士

　　花芽黄化、花茎过老的西蓝花品质不佳，不宜选购；榨汁前要把西蓝花放在盐水里浸泡几分钟，可有助于去除残留农药并去菜虫。

另一做法

　　加入盐，味道会更好。

西蓝花西红柿汁

原料
西蓝花 100 克，西红柿 100 克，包菜 50 克，柠檬 1/2 个

做法
① 将各种原料洗净，切成小块。
② 将除柠檬外的原料放入榨汁机内榨成汁。
③ 柠檬压汁后倒入杯中拌匀即可。

小贴士
　　西红柿营养丰富，具特殊风味，有减肥瘦身、消除疲劳、增进食欲、提高对蛋白质的消化、减少胃胀食积等功效；榨汁前用热水焯一下再榨，味更佳。

另一做法
　　加入牛奶，味道会更好。

苹果菠萝老姜汁

原料
苹果 1/2 个，菠萝 1/3 个，老姜 30 克

做法
① 将苹果洗净，去核，切块；菠萝去皮，切小块；将老姜去皮，榨汁备用。
② 将苹果块和菠萝块放入榨汁机中榨成汁，放入老姜汁，调匀即可。

小贴士
　　此果汁不宜在夜间大量饮用，因为老姜所含的姜酚能刺激肠道蠕动，白天可以增强脾胃作用，夜晚可能会影响睡眠伤及肠道，所以夜晚不宜大量饮用；在选购菠萝时可用手指弹击菠萝，回声重者品质较佳。

另一做法
　　加入柠檬，味道会更好。

苹果白菜柠檬汁

原料

苹果 1 个，白菜 100 克，柠檬 1/2 个，冰块 20 克

做法

❶ 苹果洗净，去核，切块；白菜洗净；柠檬切块。

❷ 将柠檬、白菜、苹果压榨成汁。

❸ 向果汁中加入冰块，再依个人口味调味即可。

小贴士

一杯苹果白菜柠檬汁能提供几乎与一杯牛奶一样多的钙。

另一做法

加入盐，味道会更好。

苹果西芹芦笋汁

原料

苹果 1 个，西芹 50 克，芦笋 50 克，冷开水 100 毫升

做法

❶ 苹果去皮、去核后切成小块。

❷ 将西芹、芦笋洗净后切块。

❸ 将上述准备好的原料与冷开水一起放入榨汁机内榨成汁即可。

小贴士

芦笋所含蛋白质、碳水化合物、多种维生素和微量元素的质量均优于普通蔬菜，而热量含量较低。不过不宜存放太久，而且应低温避光保存，建议现买现食。

另一做法

加入蜂蜜，味道会更好。

苹果橘子油菜汁

原料

苹果 1/2 个，橘子 1 个，油菜 50 克，菠萝 50 克，冰水 200 毫升

做法

① 将油菜洗净，橘子、菠萝去皮，苹果去皮，去核，均切成适当大小的块。

② 将所有原料放入榨汁机一起搅打成汁，滤出果肉即可。

小贴士

油菜中含有大量的植物纤维素，能促进肠道蠕动，预防肠道肿瘤；胃肠、肾、肺功能虚寒的老人不可多喝油菜汁。

另一做法

加入柠檬，味道会更好。

苹果黄瓜柠檬汁

原料

苹果 1 个，黄瓜 1/2 根，柠檬 1 个

做法

① 将苹果洗净，去核，切成块；黄瓜洗净，切段；柠檬连皮切成三块。

② 把苹果、黄瓜、柠檬放入榨汁机中，榨出汁即可。

小贴士

黄瓜生吃可以美容养颜，也可以用作减肥的食材；黄瓜汁则能降火气、排毒养颜，但脾胃虚弱、腹痛腹泻、肺寒咳嗽者应少吃黄瓜。

另一做法

加入香瓜，味道会更好。

苹果双菜优酪乳

原料

生菜 50 克，芹菜 50 克，西红柿 1 个，苹果 1 个，优酪乳 250 毫升，蜂蜜适量

做法

❶ 将生菜洗净，撕成小片；芹菜洗净，切成段备用。

❷ 将西红柿洗净，切成小块；苹果洗净，去皮、核，切成块。

❸ 将除蜂蜜以外的所有原料倒入榨汁机内，搅打成汁，调入蜂蜜即可。

小贴士

应挑选色绿、棵大、茎短的鲜嫩生菜。

另一做法

加入西瓜，味道会更好。

苹果红薯柳橙汁

原料

苹果 1/4 个，红薯 50 克，柳橙 1 个

做法

❶ 将红薯削皮，切成适当大小，用微波炉加热后冷却。

❷ 将苹果去皮和核，切成小片；柳橙去皮，切成小块。

❸ 将所有的原料放入榨汁机中榨成汁即可。

小贴士

红薯含有独特的生物类黄酮成分，能促使排便通畅，还可以有效地抑制乳腺癌和结肠癌的发生。

另一做法

加入冰块，味道会更好。

苹果冬瓜柠檬汁

原料

苹果1个，柠檬1/2个，冬瓜100克，冰块20克

做法

❶ 苹果洗净，去核，切块；冬瓜去皮、去子，切块；柠檬切块。

❷ 将柠檬、苹果和冬瓜放入榨汁机中榨成汁，加入冰块即可。

小贴士

　　冬瓜性寒味甘、清热生津、解暑除烦，故此果汁尤宜在夏日服食；苹果连皮一起榨汁，味道更好，营养更丰富。

另一做法

　　加入牛奶，味道会更好。

苹果芜菁柠檬汁

原料

苹果1个，芜菁100克，柠檬1个，冰块10～20克

做法

❶ 将苹果洗净，切块；将柠檬切成块；芜菁洗净，切除叶子。

❷ 将柠檬放进榨汁机，榨汁。

❸ 再将苹果和芜菁放入榨汁机榨成汁，加入冰块即可。

小贴士

　　常食芜菁可使人肌肤红润有光泽、精力充沛；芜菁具有抗衰老、益气、消食的功效；要选择体型膨大肥硕、无裂缝的芜菁。

另一做法

　　加入西瓜，味道会更好。

苹果芥蓝汁

原料

苹果1个,芥蓝120克,柠檬1/2个

做法

❶ 将苹果洗净,去皮,去核,切小块;将芥蓝洗净,切段;柠檬切片备用。

❷ 将苹果、芥蓝、柠檬一起放入榨汁机中,榨汁即可。

小贴士

　　芥蓝中含有有机碱,这使它带有一定的苦味,能刺激人的味觉神经,增进食欲,还可加快胃肠蠕动,帮助消化;芥蓝汁有苦涩味,榨汁时加入少量调料可改善口感。

另一做法

　　加入冰糖,味道会更好。

青苹果蔬菜汁

原料

青苹果1个,西芹3根,青椒1/2个,苦瓜1/4个,黄瓜1/2根,冰块少许

做法

❶ 将青苹果去皮、去核,切块;将西芹、青椒洗净,切段;将苦瓜、黄瓜洗净后切块,备用。

❷ 将上述原料榨汁,加入冰块即可。

小贴士

　　辣椒的有效成分辣椒素是一种抗氧化物质,它可阻止有关细胞的新陈代谢,从而终止细胞组织的癌变过程,降低癌细胞的发生率;青苹果可不用削皮,味道更特别。

另一做法

　　加入柠檬,味道会更好。

青苹果白菜汁

原料

青苹果1个,大白菜100克,柠檬1个,冰块少许

做法

❶ 青苹果洗净,切块;大白菜叶洗净卷成卷;柠檬连皮切成3块。

❷ 将柠檬、大白菜、青苹果陆续放入榨汁机榨汁。

❸ 将果菜汁倒入杯中,加冰块即可。

小贴士

青苹果含有大量的维生素、矿物质和丰富的膳食纤维,特别是果胶等成分,具有补心益气、益胃健脾、宁心安神的功效;大白菜含有丰富的维生素C,可增加机体对感染的抵抗力,而且还可以起到很好的护肤养颜效果;柠檬具有防止和消除皮肤色素沉着的作用。三者一起榨汁饮用,美白护肤的效果更佳。

另一做法

加入牛奶,味道会更好。

白兰瓜葡萄柚汁

原料

葡萄柚 1 个，白兰瓜 100 克，梨 1/2 个，冰水 100 毫升

做法

❶ 白兰瓜、葡萄柚去皮；梨去皮、去核。

❷ 将以上原料洗净切小块，和冰水一起放入榨汁机内搅打成汁，滤出果肉，倒入杯中即可。

小贴士

　　白兰瓜不仅香甜可口、富有营养，还有清暑解热、解渴利尿、开胃健脾之功效；成熟的白兰瓜呈圆球形、个头均匀、皮色白中泛黄。

另一做法

　　加入牛奶，味道会更好。

水果西蓝花汁

原料

猕猴桃 1 个，西蓝花 80 克，菠萝 50 克，冷开水适量

做法

❶ 将猕猴桃及菠萝去皮，切块；西蓝花洗净，焯水后切小朵备用。

❷ 将全部原料放入榨汁机中榨成汁即可。

小贴士

　　西蓝花含维生素 C 较多，比大白菜、西红柿、芹菜都高，尤其是在防治胃癌、乳腺癌方面效果尤佳；榨汁前可先将西蓝花焯水，再放入冷开水内过凉，口味更佳。

另一做法

　　加入冰糖，味道会更好。

玫瑰黄瓜汁

原料

黄瓜 300 克，西瓜 350 克，鲜玫瑰花 50 克，蜂蜜少许，水适量

做法

1. 将西瓜去皮、去子，切块；黄瓜去皮切块；玫瑰花洗净备用。
2. 将西瓜、黄瓜、玫瑰花捣碎，再加入水，放入果汁机中搅打成汁，调入蜂蜜即可。

小贴士

　　玫瑰花味甘、微苦、性温，具有益气解郁、活血散淤、调经止痛的功效；黄瓜具有除湿、利尿、降脂、镇痛、促消化的功效，其所含的纤维素能促进肠内腐败食物排泄，丙醇、乙醇和丙醇二酸还能抑制糖类物质转化为脂肪；西瓜含有多种重要的有益健康和美容的化学成分，可滋润肌肤。三者打汁饮用可起到美白肌肤、补水减肥的作用。

另一做法

　　加入牛奶，味道会更好。

李子生菜柠檬汁

原料
生菜 150 克，李子 1 个，柠檬 1 个

做法
❶ 将生菜洗净，菜叶卷成卷；李子洗净，去核；柠檬连皮切成三块。
❷ 将所有原料一起榨成汁即可。

小贴士
　　生菜的含水量很高，营养非常丰富，而且低脂肪，是减肥者最好的选择；生菜中富含B 族维生素和维生素 C、维生素 E 等，此外富含膳食纤维以及多种矿物质；榨汁时应挑选色绿、棵大、茎短的鲜嫩生菜。

另一做法
　　加入红豆，味道会更好。

酸甜西芹双萝汁

原料
菠萝 120 克，柠檬 1/2 个，蜂蜜适量，胡萝卜300 克，西芹 30 克

做法
❶ 菠萝洗净，去皮，切块；柠檬切片；胡萝卜洗净，切块；西芹洗净，切段。
❷ 将除蜂蜜外的所有原料放入榨汁机中榨成汁。
❸ 将果汁倒入杯中，加入蜂蜜搅匀即可。

小贴士
　　胡萝卜富含维生素 A，可促进机体的正常生长与繁殖，维持上皮组织的正常代谢、防止呼吸道感染、保持视力正常，可治疗夜盲症和干眼症。女士进食可以降低卵巢癌的发病率。

另一做法
　　加入牛奶，味道会更好。

香酸苹果汁

原料

柠檬 1/4 个，苹果 1 个，薄荷 8 克，西芹 1 段，白糖少许

做法

❶ 将苹果、薄荷、西芹、柠檬洗净。

❷ 将苹果去皮，去核，切块；西芹切小段；柠檬榨成汁。

❸ 将所有原料放入榨汁机中打成汁即可。

小贴士

　　西芹含铁量较高，能补充女性经血的损失，食之能避免皮肤苍白、干燥、面色无华，而且可使目光有神、头发黑亮；榨汁时要选择颜色翠绿、不夹杂杂草的新鲜薄荷。

另一做法

　　加入枸杞子，味道会更好。

马蹄山药汁

原料

马蹄、山药、木瓜、菠萝各适量，优酪乳 250 毫升，冷开水 300 毫升，蜂蜜少许

做法

❶ 将马蹄、山药、菠萝洗净，削去外皮，切小块备用；木瓜去子，挖出果肉备用。

❷ 将所有原料一起榨汁，调匀即可。

小贴士

　　马蹄中含的磷是根茎类蔬菜中较高的，能促进人体生长发育和维持生理功能的需要，可促进体内的糖、脂肪、蛋白质三大物质的代谢，调节酸碱平衡；马蹄洗净去皮、用水煮熟再榨汁味道更好。

另一做法

　　加入盐，味道会更好。

苹果西芹橘子汁

原料

青苹果1个，西芹3～4根，橘子2个，冰块10～20克

做法

❶ 将青苹果去皮、去核，切块；将西芹洗净后切段；橘子去皮，去子，切块。

❷ 将上述原料一起榨汁，加入冰块即可。

小贴士

　　西芹是高纤维食物，它经肠内消化作用会产生一种叫木质素或肠内脂的物质，这类物质是一种抗氧化剂，高浓度时可抑制肠内细菌产生的致癌物质，具有防癌抗癌的功效；它还可以加快粪便在肠内的运转时间，预防便秘。

另一做法

　　加入苦瓜，味道会更好。

胡萝卜黄瓜橙汁

原料

小黄瓜2根，胡萝卜1根，柠檬1/2个，柳橙1个，蜂蜜适量

做法

❶ 将小黄瓜与胡萝卜均洗净，去皮，切块；柠檬洗净，切片；柳橙洗净，去皮。

❷ 将以上原料一起放入榨汁机榨汁，加入蜂蜜调匀即可。

小贴士

　　小黄瓜中所含的黄瓜酶是一种有很强生物活性的生物酶，能有效地促进机体的新陈代谢、扩张皮肤毛细血管、促进血液循环、增强皮肤的氧化还原作用，润肤美容效果极佳。

另一做法

　　加入冰块，味道会更好。

柠檬小白菜汁

原料

柠檬 1 个，小白菜 1 棵，胡萝卜 50 克，苹果 1/2 个

做法

❶ 将柠檬洗净，切块；胡萝卜洗净，切成细长条；小白菜洗净，摘去黄叶；苹果洗净，去核，切成小块。

❷ 将所有原料放入榨汁机中，榨成汁即可。

小贴士

　　小白菜中含有大量胡萝卜素、维生素 C，进入人体后，可促进皮肤细胞代谢，防止皮肤粗糙及色素沉着，使皮肤亮洁，延缓皮肤衰老；小白菜榨汁前先用水焯一下，味道更佳。

另一做法

　　加入芹菜，味道会更好。

柠檬橘子生菜汁

原料

柠檬、橘子各 1 个，生菜 100 克

做法

❶ 柠檬、橘子洗净，去皮，切块；生菜洗净，切段。

❷ 将柠檬、橘子放入榨汁机榨汁，取出备用，再将生菜榨成汁，最后将两种汁混合均匀，倒入杯中即可。

小贴士

　　生菜中含有丰富的膳食纤维，能刺激胃液分泌和肠道蠕动，增加食物与消化液的接触面积，有助于消化吸收，促进代谢废物的排出，并防止便秘。

另一做法

　　加入芹菜，味道会更好。

柠檬葡萄牛蒡汁

原料
柠檬1/2个，葡萄100克，梨1个，牛蒡60克，冰块少许

做法
❶ 将柠檬洗净，切块；葡萄洗净；梨去皮，去核，切块；牛蒡洗净，切条。
❷ 将柠檬、葡萄、梨、牛蒡放入榨汁机榨成汁，滤入杯中。
❸ 在果汁中加入少许冰块即可。

小贴士
　　牛蒡根中含有过氧化物酶，它能增强细胞免疫机制的活力，清除体内氧自由基，阻止脂褐质色素在体内的生成和堆积，抗衰防老。

另一做法
　　加入牛奶，味道会更好。

柠檬青椒柚子汁

原料
柠檬1个，青椒50克，萝卜50克，柚子1/2个，冰块少许

做法
❶ 柠檬洗净，切块；柚子去子；青椒和萝卜切块。
❷ 先将柠檬和柚子榨汁，再将青椒和萝卜放入榨汁机榨汁。
❸ 将蔬果汁混合，再加入少许冰块即可。

小贴士
　　喷洒过的农药都会积累在青椒凹陷的果蒂上，因此青椒清洗时应先去蒂，再去掉子，用流水冲洗干净即可。

另一做法
　　加入牛奶，味道会更好。

柠檬茭白果汁

原料

柠檬1/2个，茭白1个，香瓜60克，猕猴桃1个，冰块少许

做法

❶ 柠檬洗净，连皮切成3块；茭白洗净；香瓜去皮、子，切小块；猕猴桃削皮后对切。

❷ 将柠檬、猕猴桃、茭白、香瓜依次放入榨汁机榨汁，再加少许冰块即可。

小贴士

　　茭白的有机氮素以氨基酸状态存在，并能提供硫元素，味道鲜美，营养价值较高，容易为人体所吸收；但由于茭白含有较多的草酸，其钙质不容易被人体吸收，故榨汁前要用沸水焯一下，去掉草酸。

另一做法

　　加入牛奶，味道会更好。

柠檬牛蒡柚子汁

原料

柠檬1个，牛蒡100克，柚子100克，冰块少许

做法

❶ 将柠檬连皮切成块；牛蒡洗净，切块；柚子去皮切块备用。

❷ 将柠檬、柚子和牛蒡放进榨汁机榨成汁，加入冰块即可。

小贴士

　　牛蒡含有抗菌成分，其中牛蒡叶含抗菌成分最多，主要抗金黄色葡萄球菌，与柠檬、柚子合榨成汁，可消炎杀菌，有助于抵抗肌肤衰老；过老的牛蒡很多为空心，不能作为榨汁的食材。

另一做法

　　加入西瓜，味道会更好。

柠檬西芹橘子汁

原料

柠檬1个，西芹30克，橘子1个，冰块少许

做法

❶ 将西芹洗净；橘子取出果肉；西芹折弯曲后包裹橘子果肉；柠檬切片。

❷ 用西芹包裹橘子，与柠檬一起放入榨汁机里榨汁。

❸ 向果汁中加入少许冰块即可。

小贴士

　　西芹中含铁量较高，能补充女性经血的损失，食之能避免皮肤苍白、干燥、面色无华；橘子、柠檬富含各种营养。三者榨汁最宜女士饮用，能够起到养颜护肤、美白肌肤的作用。但此蔬果汁不可空腹饮用。

另一做法

　　加入西瓜，味道会更好。

柠檬芹菜香瓜汁

原料

柠檬1个，芹菜30克，香瓜80克，冰块、白糖各少许

做法

❶ 将柠檬洗净，切片；香瓜去皮，去子，切块；芹菜洗净备用。

❷ 将芹菜整理成束，放入榨汁机，再将香瓜、柠檬一起榨汁，最后加入少许冰块、白糖即可。

小贴士

　　芹菜是高纤维食物，含有抗氧化的物质，与柠檬、香瓜榨汁饮用，可以有效帮助皮肤抵抗衰老，起到美白护肤的作用。

另一做法

　　加入蜂蜜，味道会更好。

柠檬芦荟芹菜汁

原料

柠檬 1 个，芹菜 100 克，芦荟 100 克，蜂蜜适量

做法

❶ 将柠檬去皮，切片；芹菜择洗干净，切成段；芦荟刮去外皮，洗净。

❷ 将柠檬、芹菜、芦荟一起放入榨汁机中，榨成鲜汁，倒入杯中，再加入蜂蜜，搅匀即可。

小贴士

　　此果蔬汁宜爱美女士饮用，体质虚弱者和少年、儿童不要过量饮用芦荟汁，否则容易发生过敏。

另一做法

　　加入白糖，味道会更好。

柠檬西芹柚子汁

原料

柠檬 1 个，西芹 80 克，柚子 1/2 个，冰块（刨冰）少许

做法

❶ 柠檬洗净，切块；柚子去皮、子；西芹洗净备用。

❷ 将冰块放进榨汁机容器里。

❸ 将柠檬、柚子、西芹放入榨汁机榨成汁，再加少许冰块即可。

小贴士

　　柠檬和柚子都富含维生素 C，与西芹合榨成汁，具有延缓衰老、养颜护肤之效。但是脾虚泄泻者不宜饮用，会泻肚。

另一做法

　　加入黄瓜，味道会更好。

芦荟牛奶果汁

原料
芦荟 10 克，香蕉 1/4 根，水蜜桃 50 克，牛奶 200 毫升，冷开水 300 毫升，蜂蜜少许

做法
① 芦荟洗净后取果肉，与去皮切段的香蕉和去皮、去核的水蜜桃一起放入榨汁机中。
② 将所有原料一起放入榨汁机中榨汁。

小贴士
　　牛奶中富含维生素 A，可以防止皮肤干燥及暗沉，使皮肤白皙、有光泽；牛奶中还含有大量的维生素 B_2，可以促进皮肤的新陈代谢；榨汁建议选购盒装、品质有保证的牛奶。

另一做法
　　加入西瓜，味道会更好。

柠檬菠萝西芹汁

原料
柠檬 1/2 个，西芹 50 克，菠萝 100 克

做法
① 柠檬连皮切成3块；西芹洗净，切段；菠萝切块。
② 将柠檬、菠萝及西芹放入榨汁机榨汁。
③ 将果汁倒入杯中即可。

小贴士
　　要选择饱满、颜色均匀、闻起来有清香的菠萝；菠萝在榨汁前要在盐水里泡一会儿，使其中所含的一部分有机酸分解在盐水里，去掉酸味，让果汁的口味更甜；也可以放在开水里煮一下，效果一样。

另一做法
　　加入粟米，味道会更好。

柠檬芥菜蜜柑汁

原料

柠檬1个，芥菜80克，蜜柑1个

做法

❶ 将柠檬连皮切成3块；蜜柑剥皮后去子；芥菜叶洗净，备用。

❷ 将蜜柑用芥菜叶包裹起来，与柠檬一起放入榨汁机内，榨成汁即可。

小贴士

　　芥菜富含维生素 A、B 族维生素、维生素 C 和维生素 D，具有提神醒脑的功效，与柠檬、蜜柑合榨成汁，可以延缓肌肤衰老。患有痔疮、痔疮便血及眼疾患者不宜饮用此蔬果汁。

另一做法

　　加入芍药，味道会更好。

葡萄芦笋苹果汁

原料

葡萄150克，芦笋100克，苹果1个，柠檬1/2 个

做法

❶ 将葡萄洗净，剥皮，去子；将柠檬切片；苹果去皮和核，切块；芦笋洗净，切段。

❷ 将苹果、葡萄、芦笋、柠檬放入榨汁机中，榨汁即可。

小贴士

　　芦笋味道鲜美、清爽可口，能增进食欲、帮助消化，是绝佳的绿色食品；经常饮用此果汁对疲劳症、水肿、肥胖等病症有一定的疗效。

另一做法

　　加入黄瓜，味道会更好。

葡萄青椒果汁

原料

葡萄 120 克，青椒 1 个，猕猴桃 1 个，冷开水适量

做法

❶ 将葡萄去皮，去子；猕猴桃去皮，切成小块；青椒洗净，切小块。

❷ 将所有原料放入榨汁机，搅打成汁即可。

小贴士

　　葡萄补血效果极佳，青椒和猕猴桃富含维生素 C，三者合榨果汁，可以由内而外地养护肌肤，故此蔬果汁尤宜女士饮用；挑选青椒时，新鲜的青椒在轻压下虽然会变形，但抬起手指后，很快就能弹回。

另一做法

　　加入红豆，味道会更好。

葡萄芋茎梨汁

原料

葡萄 150 克，芋茎 50 克，梨 1 个，柠檬 1 个，冰块少许

做法

❶ 将葡萄洗净；芋茎切段；梨去皮、果核后切块；柠檬切片。

❸ 将原料陆续放入榨汁机，用挤压棒压榨成汁，倒入杯中，放入冰块即可。

小贴士

　　芋茎要放盐水中浸泡 10 分钟，否则饮用后喉咙会发痒。

另一做法

　　加入牛奶，味道会更好。

葡萄芜菁梨汁

原料

葡萄150克，芜菁50克，梨1/2个，柠檬1/2个，冰块少许

做法

❶ 葡萄剥皮，去子；芜菁叶和根切开；梨洗净，去皮、核，切块；柠檬切片。

❷ 葡萄用芜菁叶包裹，放入榨汁机，再将芜菁的根、柠檬、梨放入，一起榨成汁，加冰块即可。

小贴士

芜菁有使人肌肤红润有光泽、益气、精力充沛、抗衰老的功效，需要注意的是，芜菁在榨汁前要先焯水。

另一做法

加入苹果，味道会更好。

葡萄仙人掌汁

原料

葡萄120克，仙人掌50克，芒果2个，香瓜300克，冰块少许

做法

❶ 葡萄和仙人掌洗净；香瓜切块；芒果挖出果肉。

❷ 将冰块放入榨汁机容器内，再将葡萄、芦荟、香瓜压榨成汁，加入芒果、冰块搅拌即可。

小贴士

可食仙人掌具有清热解毒、健胃补脾、清咽润肺、养颜护肤的功效，但仙人掌性质苦寒，食用过多会导致腹泻。

另一做法

加入白糖，味道会更好。

葡萄生菜梨汁

原料

葡萄150克,生菜50克,梨1/2个,柠檬1/2个,冰块少许

做法

① 将葡萄、生菜洗净;梨去皮、核,切块;柠檬洗净,切片。

② 将葡萄用生菜包裹,与梨顺序交错地放入榨汁机榨汁。

③ 将柠檬放入榨汁机榨汁调味,再加少许冰块即可。

小贴士

　　生菜可滋阴养血、帮助消化,搭配水果榨汁护肤效果更佳;此蔬果汁喝前要摇均匀。

另一做法

　　加入冰糖,味道会更好。

葡萄冬瓜猕猴桃汁

原料

葡萄150克,冬瓜80克,猕猴桃1个,柠檬1/2个

做法

① 冬瓜去外皮和子,切成块;猕猴桃削皮后,对切;葡萄洗净,去皮,去子;柠檬切片。

② 将葡萄、冬瓜、猕猴桃、柠檬依次放入榨汁机中,一起榨汁。

小贴士

　　猕猴桃性寒,脾胃虚寒者不宜多食。

另一做法

　　加入芹菜,味道会更好。

葡萄萝卜梨汁

原料

葡萄 120 克，白萝卜 200 克，贡梨 1 个

做法

❶ 葡萄去皮和子；贡梨洗净，去核，切块。

❷ 将白萝卜洗净，切块。

❸ 将所有原料放入榨汁机内榨汁即可。

小贴士

　　白萝卜中含有丰富的维生素 A、维生素 C 等各种维生素。维生素 C 能防止皮肤老化，阻止黑色色斑的形成，保持皮肤的白嫩。白萝卜榨汁前最好不要削皮，这样营养更丰富。

另一做法

　　加入冰块，味道会更好。

葡萄冬瓜香蕉汁

原料

葡萄 150 克，冬瓜 50 克，香蕉 1 根，柠檬 1/2 个

做法

❶ 将葡萄洗净，去皮，去子；冬瓜去皮和子，切成可放入榨汁机的大小；香蕉剥皮，切成块；柠檬切片。

❷ 用榨汁机将葡萄和冬瓜先榨成汁。

❸ 再将香蕉、柠檬放入榨汁机中，搅拌均匀即可。

小贴士

　　冬瓜性寒，泄泻者慎食。

另一做法

　　加入西瓜，味道会更好。

柿子胡萝卜汁

原料

甜柿1个，胡萝卜60克，柠檬1个，冰块
20 ~ 30克

做法

❶ 将甜柿、胡萝卜洗净，去皮，切成小块；
　柠檬洗净，切片。
❷ 将以上原料榨成汁。
❸ 在果菜汁中加入冰块，搅匀即可。

小贴士

　　柿子富含果胶，可起到润肠通便的作用；
柿子榨汁前用苏打水浸泡一下，味道更佳。

另一做法

　　加入红枣，味道会更好。

草莓萝卜柠檬汁

原料

草莓60克，萝卜70克，菠萝100克，柠檬
1个

做法

❶ 将草莓洗净，去蒂；菠萝去皮，洗净，切
　块；将萝卜洗净，根叶分切开；柠檬切成
　片备用。
❷ 把草莓、萝卜、菠萝、柠檬放入榨汁机，
　搅打成汁即可。

小贴士

　　白萝卜以皮细嫩光滑，分量重，用手指轻
弹，声音沉重、结实的为佳。

另一做法

　　加入冰块，味道会更好。

草莓芦笋猕猴桃汁

原料

草莓 60 克，芦笋 50 克，猕猴桃 1 个

做法

❶ 草莓洗净，去蒂；芦笋洗净，切段；猕猴桃去皮，切块。

❷ 将草莓、芦笋、猕猴桃放入榨汁机中，搅打成汁即可。

小贴士

芦笋嫩茎中含有丰富的蛋白质、维生素、矿物质和人体所需的微量元素，与水果搭配榨成果汁，护肤美白效果更佳；买回的猕猴桃可以先放一段时间再食用，味道会更好。

另一做法

加入酸奶，味道会更好。

草莓西芹哈密瓜汁

原料

草莓 5 个，西芹 50 克，哈密瓜 100 克

做法

❶ 将草莓洗净，去蒂；将哈密瓜去皮、子，切成块；将西芹洗净，切段。

❷ 将所有原料放入榨汁机内榨成汁即可。

小贴士

西芹具有平肝清热、祛风利湿的功效，且西芹叶中所含的胡萝卜素和维生素 C 比茎多，因此榨汁时不要把能吃的嫩叶扔掉，搭配水果，营养更丰富。

另一做法

加入冰块，味道会更好。

草莓紫苏橘子汁

原料
草莓 120 克，紫苏 15 克，橘子 1 个，柠檬 1 个，冰块少许

做法
❶ 草莓洗净，去蒂；橘子、柠檬洗净，切成 4 块；紫苏洗净。
❷ 用挤压棒将柠檬、草莓及橘子挤出汁，再重叠几片紫苏叶卷成卷，放入榨汁机，榨成汁即可。

小贴士
　　紫苏具有疏散风寒的功效，在榨汁前最好用清水浸泡 10 分钟，口感更好。

另一做法
　　加入牛奶，味道会更好。

草莓黄瓜汁

原料
草莓 80 克，黄瓜 80 克

做法
❶ 草莓洗净，去蒂；黄瓜洗净，切段。
❷ 将草莓和黄瓜放入榨汁机榨汁即可。

小贴士
　　黄瓜浑身都是宝，生吃黄瓜可以美容养颜，也可以用作减肥的食材；黄瓜与草莓榨成果汁能降火气、排毒养颜、益气补血、消暑止渴，黄瓜皮用来敷在脸上能祛痘；如果蔬果汁太浓最好加适量水稀释后再饮用。

另一做法
　　加入柠檬，味道会更好。

草莓虎儿草菠萝汁

原料

草莓5颗，虎儿草（嫩叶）3片，菠萝100克，柠檬1个，冰块少许

做法

❶ 草莓洗净，去蒂；虎儿草洗净；菠萝洗净，去皮，切块；柠檬洗净后连皮切成3块备用。

❷ 将草莓、虎儿草、菠萝、柠檬放进榨汁机榨成汁。

❸ 在果菜汁中加入冰块即可。

小贴士

　　要选用叶大如钱、状似初生小葵叶及虎耳形的虎儿草。

另一做法

　　加入牛奶，味道会更好。

草莓香瓜西蓝花汁

原料

草莓20克，香瓜1个，西蓝花80克，柠檬1/2个，冰块少许

做法

❶ 草莓洗净，去蒂；香瓜削皮，切块；西蓝花洗净、切块；柠檬切片。

❷ 将草莓和香瓜放入榨汁机挤压成汁，再加入西蓝花榨汁。

❸ 加柠檬榨汁后调味，加冰块即可。

小贴士

　　香瓜要选闻一下有清香味道的，这样的香瓜榨出来的蔬果汁才好喝。

另一做法

　　加入牛奶，味道会更好。

草莓芦笋果汁

原料

草莓 60 克，芦笋 50 克，猕猴桃 1 个，柠檬 1/2 个，冰块少许

做法

❶ 将草莓洗净，去蒂；芦笋洗净，切段；猕猴桃去皮，切块；柠檬切片。

❷ 将草莓、芦笋、猕猴桃、柠檬放入榨汁机榨成汁。

❸ 在果汁中加少许冰块即可。

小贴士

　　芦笋所含蛋白质、碳水化合物、维生素和微量元素的质量优于普通蔬菜，但热量和碳水化合物都低，蛋白质较高，最宜孕妇食用。

另一做法

　　加入牛奶，味道会更好。

猕猴桃柳橙奶酪汁

原料

圣女果 3 颗，猕猴桃 1 个，柳橙 1 个，奶酪 130 克

做法

❶ 将柳橙洗净，去皮；圣女果洗净，对切。

❷ 猕猴桃洗净，切开取出果肉。

❸ 将柳橙、圣女果、猕猴桃果肉及奶酪一起放入搅拌机中搅匀即可。

小贴士

　　圣女果具有滋阴养血、养护肌肤的功效，与柳橙一起打碎后，不要过滤，多喝一些蔬果汁的渣，营养更好。

另一做法

　　加入冰块，味道会更好。

猕猴桃圣女果汁

原料
猕猴桃1个，圣女果2颗，梨1个，柠檬汁少许，果糖8克，冷开水200毫升

做法
① 将猕猴桃、梨去皮，梨另去核，均切成小块；圣女果洗净，对切。
② 将上述原料与冷开水一起放入榨汁机中，榨成汁。
③ 在果汁中加入柠檬汁和果糖，拌匀即可。

小贴士
圣女果可以增加人体的抵抗能力，延缓人体衰老、减少皱纹的产生，特别适合女性用来美容，可以说是女性天然的美容水果。

另一做法
加入冰糖，味道会更好。

猕猴桃白萝卜橙汁

原料
猕猴桃1个，橙子2个，白萝卜300克

做法
① 猕猴桃去皮，切块；白萝卜洗净，去皮，切条。
② 橙子洗净，取出果肉待用。
③ 将猕猴桃、白萝卜、橙子放入榨汁机中搅打成汁，再倒入杯中调匀即可。

小贴士
白萝卜中的膳食纤维含量非常可观，尤其是叶子中含有的植物纤维更是丰富。这些植物纤维可以促进肠胃的蠕动、消除便秘，起到排毒的作用，从而改善皮肤粗糙、粉刺等情况。

另一做法
加入蜂蜜，味道会更好。

木瓜莴笋汁

原料
木瓜 100 克，苹果 300 克，莴笋 50 克，柠檬 1/2 个，蜂蜜 30 毫升，冷开水 100 毫升

做法
① 木瓜洗净，去皮，去子，切小块；苹果洗净，去皮，去核后切片；莴笋去皮，洗净，切小片。
② 将所有原料放入榨汁机内，搅打2分钟。

小贴士
莴笋含钾量较高，有利于促进排尿，减少对心房的压力，对高血压和心脏病患者极为有益，也可通乳、下乳，与木瓜榨汁，适宜产妇饮用。

另一做法
加入玉米，味道会更好。

木瓜红薯汁

原料
木瓜 1/2 个，红薯 130 克，柠檬 1/2 个（取汁），牛奶 200 毫升，蜂蜜 10 毫升

做法
① 将木瓜去皮，切适当大小；红薯煮熟，压成泥。
② 将所有原料放入榨汁机一起搅打成汁，滤出果肉即可。

小贴士
红薯富含膳食纤维，具有阻止糖分转化成脂肪的特殊功能；适宜减肥者食用；红薯还可以促进胃肠蠕动和防止便秘，用来治疗痔疮和肛裂等，对预防直肠癌和结肠癌也有一定作用。

另一做法
加入冰块，味道会更好。

木瓜鲜姜汁

原料

木瓜 250 克，鲜姜 50 克，蜂蜜 10 毫升，冷开水适量

做法

1. 将鲜姜刮去外皮，放入榨汁机中榨成汁。
2. 将木瓜去皮、子，与姜汁、冷开水一起放入榨汁机中，搅打成汁。
3. 在果汁中加入蜂蜜，拌匀即可。

小贴士

生姜中所含的姜辣素和二苯基庚烷类化合物的结构均具有很强的抗氧化和清除自由基作用，所以吃姜能抗衰老，老年人常吃生姜可除"老人斑"。

另一做法

加入白萝卜，味道会更好。

西瓜橘子西红柿汁

原料

西瓜 200 克，橘子 1 个，西红柿 1 个，柠檬 1/2 个，冷开水 200 毫升，冰糖少许

做法

1. 西瓜洗干净，削皮，去子；橘子剥皮，去子；西红柿洗干净，切成大小适当的块；柠檬切片。
2. 将所有原料倒入搅拌机内搅打2分钟即可。

小贴士

西红柿营养丰富，具有减肥瘦身、消除疲劳、增进食欲、提高对蛋白质的消化、缓解胃胀积食等功效；榨汁时加少量的西瓜皮，功效更佳。

另一做法

加入蜂蜜，味道会更好。

西瓜芦荟汁

原料

西瓜 400 克，芦荟肉 50 克，冰粒、盐各适量

做法

❶ 西瓜洗净，剖开，去掉外皮，取肉，再将西瓜肉放入榨汁机中榨汁。

❷ 将西瓜汁盛入杯中，加入少许盐，再加入芦荟肉、冰粒拌匀即可。

小贴士

　　芦荟中的芦荟多糖等物质能抗自由基、促进血液循环，并有使细胞复活的作用，能抗皱、祛色斑、防治老化、抵抗衰老，还可以预防和治疗脱发及头发早白；芦荟削皮后，放进盐水中浸泡一下，口味更佳。

另一做法

　　加入冰块，味道会更好。

西瓜西红柿汁

原料

西瓜 150 克，西红柿 1 个，柠檬 1/2 个，果糖、水各适量

做法

❶ 西瓜洗净，切开，去子；柠檬去皮，去子，连同西红柿切成块。

❷ 将上述原料全部放入搅拌机中，加入果糖、水，以高速搅打60秒即可。

小贴士

　　新鲜的西瓜汁和鲜嫩的瓜皮可以增加皮肤弹性，使人变得更年轻，减少皱纹、增添光泽；成熟度越高的西瓜，其分量就越轻。

另一做法

　　加入冰糖，味道会更好。

葡萄西蓝花白梨汁

原料

葡萄150克，西蓝花50克，白梨1/2个，冰块、柠檬汁各少许

做法

① 葡萄洗净，去皮；西蓝花洗净，切小块；白梨洗净，去果核，切小块。

② 将葡萄、西蓝花、白梨放入榨汁机内榨汁后倒入杯中。

③ 在果汁中加入少许柠檬汁和冰块搅拌均匀即可。

小贴士

葡萄是一种多元化的美容果，果肉富含深层润肤、促进皮肤细胞更生及抗衰老的烟酸及丰富的矿物质；葡萄果核可软化肤质，使皮肤滋润保湿；葡萄多酚具有抗氧化功能，能阻断游离基因增生，有效延缓衰老。西蓝花则可以有效地降低癌症、骨质疏松症、心脏病以及糖尿病等的发病率。葡萄、西蓝花、白梨三者一起打成果汁，可增强体质，有助于塑形健身。

另一做法

加入牛奶，味道会更好。

西瓜西芹汁

原料

西瓜 100 克，西芹 50 克，菠萝 100 克，胡萝卜 100 克，冷开水 400 毫升，蜂蜜少许

做法

❶ 菠萝、胡萝卜削去外皮，切块备用；西芹洗净，切小段；西瓜去子取肉。

❷ 将冷开水倒入榨汁机中，再加入上述材料和蜂蜜，搅打均匀过滤即可。

小贴士

　　菠萝富含 B 族维生素，能使肌肤亮丽滋润，有一定的美容功效，还可以减肥、提高人体免疫力、抵抗病毒入侵。

另一做法

　　加入大蒜，味道会更好。

蜂蜜苦瓜姜汁

原料

苦瓜 50 克，柠檬 1/2 个，姜 7 克，蜂蜜适量

做法

❶ 将苦瓜洗净，对剖为二，去子，切小块。

❷ 将柠檬去皮，切小块；姜洗净，切片。

❸ 将苦瓜、姜、柠檬交错放进榨汁机榨汁，再加蜂蜜调匀即可。

小贴士

　　蜂蜜可促进消化吸收、增进食欲、镇静安眠、提高机体的免疫力；真蜂蜜拉出的黏丝，不易断，低温（10℃以下）可结晶。

另一做法

　　加入莴笋，味道会更好。

哈密瓜毛豆汁

原料

哈密瓜 1/4 片，煮熟的毛豆仁 20 克，柠檬汁 50 毫升，酸奶 200 毫升

做法

❶ 将哈密瓜去皮、切小块，和毛豆仁一起放入榨汁机中。

❷ 倒入酸奶与柠檬汁，搅匀即可。

小贴士

　　毛豆具有养颜润肤、有效改善食欲不振与全身倦怠的功效；毛豆营养丰富均衡，含有有益的活性成分，经常食用，对女性保持苗条身材作用显著，并对肥胖、高脂血症、动脉粥样硬化、冠心病等疾病有预防和辅助治疗的作用。

另一做法

　　加入冰块，味道会更好。

哈密瓜黄瓜马蹄汁

原料

哈密瓜 300 克，黄瓜 2 根，马蹄 200 克

做法

❶ 将哈密瓜洗净，去皮，切成小块；黄瓜洗净，切成块；马蹄洗净，去皮。

❷ 将所有原料一起搅打成汁即可。

小贴士

　　黄瓜中含有丰富的维生素 E，可起到延年益寿、抗衰老的作用；黄瓜中的黄瓜酶有很强的生物活性，能有效地促进机体的新陈代谢；用黄瓜捣汁涂擦皮肤，有润肤、舒展皱纹的功效；黄瓜、哈密瓜都属性凉之物，脾胃虚寒者宜少食。

另一做法

　　加入冰块，味道会更好。

哈密瓜苦瓜汁

原料

哈密瓜 100 克，苦瓜 50 克，优酪乳 200 毫升，冰糖少许

做法

① 将哈密瓜去皮去瓤，切块。

② 将苦瓜洗净，去子，切块。

③ 将上述原料放入榨汁机内搅打成汁，再加入优酪乳、冰糖即可。

小贴士

　　哈密瓜有清凉消暑、除烦热、生津止渴的作用，是夏季解暑的佳品；食用哈密瓜对人体造血功能有显著的促进作用，可以用来作为贫血的食疗之品，削皮后效果更佳。

另一做法

　　加入芹菜，味道会更好。

梨蜂蜜饮

原料

梨 1 个，老姜 5 克，蜂蜜少许，冷开水适量

做法

① 梨洗净，去皮、核；老姜洗净，切片。

② 将梨、老姜、冷开水放入榨汁机中榨成汁，再加入蜂蜜，搅匀即可。

小贴士

　　梨具有润燥消风、醒酒解毒等功效，在秋季气候干燥时，人们常感到皮肤瘙痒、口鼻干燥，有时干咳少痰，每天喝一杯梨蜂蜜饮可缓解秋燥，有益健康；宜选用透明、黏稠或有结晶体，散发香味的蜂蜜。

另一做法

　　加入冰块，味道会更好。

梨莲藕汁

原料

梨 1 个，莲藕 1 节，马蹄 60 克

做法

❶ 将梨子洗净，去皮和核；莲藕洗净，切小块；马蹄洗净，去皮。

❷ 将所有原料放入榨汁机，榨出汁液，倒入杯中即可。

小贴士

　　莲藕富含维生素 C 和粗纤维，既能帮助消化、防止便秘，又能供给人体需要的碳水化合物和微量元素，防止动脉硬化、改善血液循环，有益于身体健康；鲜藕要切成细条，方便榨汁。

另一做法

　　加入牛奶，味道会更好。

火龙果柠檬汁

原料

火龙果 200 克，柠檬 1/2 个，优酪乳 200 毫升，芹菜少许

做法

❶ 火龙果去皮，切成小块。

❷ 柠檬洗净，切块；芹菜洗净，切段。

❸ 将所有原料倒入搅拌机打成蔬果汁即可。

小贴士

　　火龙果含有美白皮肤的维生素 C 及丰富的具有减肥、降低血糖、润肠、预防大肠癌功效的水溶性膳食纤维；火龙果不要放在冰箱中，否则冻伤后反而易变质。

另一做法

　　加入盐，味道会更好。

香蕉油菜汁

原料

香蕉 1/2 根，油菜 100 克，水 300 毫升

做法

❶ 将香蕉去皮，切成小块；油菜洗净，切成小段。

❷ 将香蕉块、油菜段放入榨汁机中，加入水，榨成汁倒入杯中即可。

小贴士

　　油菜中含有丰富的钙、铁和维生素 C，胡萝卜素也很丰富，是维持人体黏膜及上皮组织生长的重要营养源，对于抵御皮肤过度角化大有裨益；油菜榨汁前焯一下水，味道更好。

另一做法

　　加入冰块，味道会更好。

芭蕉果蔬汁

原料

柠檬 1/2 个，芭蕉 2 根，白萝卜 100 克，火龙果 200 克，冰块少许

做法

❶ 将柠檬洗净，连皮切成3块；芭蕉剥皮；火龙果去皮；白萝卜洗净，去皮。

❷ 将敲碎的冰块放进搅拌机里。

❸ 再将剩余原料放入搅拌机，加水适量，搅打成汁。

小贴士

　　白萝卜含有木质素，能提高巨噬细胞的活力，吞噬癌细胞，具有防癌作用。

另一做法

　　加入牛奶，味道会更好。

芭蕉生菜西芹汁

原料

芭蕉 3 根，生菜 100 克，西芹 100 克，柠檬 1/2 个

做法

❶ 芭蕉去皮；生菜和西芹洗净；柠檬洗净后切片。

❷ 将芭蕉、生菜、西芹、柠檬放入榨汁机中榨出汁即可。

小贴士

芭蕉含有丰富的蛋白质、维生素、微量元素以及食物纤维，具有清热、止渴、利尿、解毒的功效，是水果中的营养佳品；胃寒者不宜多喝芭蕉生菜西芹汁。

另一做法

加入盐，味道会更好。

芭蕉火龙果萝卜汁

原料

柠檬 1/2 个，芭蕉 2 根，白萝卜 100 克，火龙果 200 克，水、冰块各适量

做法

❶ 将柠檬洗净，切块；芭蕉剥皮；火龙果去皮；白萝卜洗净，去皮。

❷ 将柠檬、芭蕉、火龙果、白萝卜及冰块放入搅拌机，加入适量水，搅打成汁即可。

小贴士

火龙果含有维生素 E 和花青素，它们都具有抗氧化、抗自由基、抗衰老的作用；选购火龙果时可用手触摸火龙果表皮，如果感觉较软，就说明已经不新鲜了。

另一做法

加入柠檬，味道会更好。

冬瓜柠檬苹果汁

原料

冬瓜 150 克，苹果 80 克，柠檬 30 克，冷开水 240 毫升

做法

❶ 冬瓜削皮，去子，切成小块。

❷ 苹果带皮去核，切成小块；柠檬洗净，切片备用。

❸ 将所有原料放入搅拌机内，搅打2分钟后倒入杯中即可。

小贴士

　　冬瓜中所含的丙醇二酸，能有效地抑制糖类转化为脂肪，而且冬瓜本身不含脂肪，热量不高，有助于体形健美。

另一做法

　　加入冰糖，味道会更好。

马蹄麦冬梨蜜饮

原料

梨1个，马蹄 50 克，生菜 50 克，麦冬 15 克，蜂蜜适量

做法

❶ 将梨、马蹄、生菜洗净，再将梨、马蹄去皮，切小块，生菜剥成小片。

❷ 将麦冬用热水泡一晚使其软化。

❸ 将以上原料放入搅拌机中打成汁，加蜂蜜调味即可。

小贴士

　　马蹄能清热消渴、治脾热、温中益气，榨汁时以个大、洁净、新鲜、皮薄、肉细的为佳。

另一做法

　　加入冰块，味道会更好。

橘子萝卜苹果汁

原料

橘子 1～2 个，胡萝卜 100 克，苹果 1 个，
冰糖 10 克

做法

1. 将橘子、苹果、胡萝卜洗净，去皮，均切
   成小块。
2. 将橘子、苹果、胡萝卜块都放入榨汁机内
   榨成汁，加入冰糖搅拌均匀即可。

小贴士

　　橘子富含维生素 C 与柠檬酸，前者具有
美容作用，后者则具有消除疲劳的作用；如果
把橘子内侧的薄皮一起榨汁饮用，除维生素 C
外，还可摄取膳食纤维，可以促进排便，降低
胆固醇；　胡萝卜则具有助消化、养肝明目、
降血压、强心、抗炎和抗过敏的作用。橘子、
胡萝卜、苹果合打成果汁营养更丰富。冠心病、
心肌梗死、肾病、糖尿病患者不宜多喝苹果汁。

另一做法

　　加入香蕉，味道会更好。

橘子姜蜜汁

原料

橘子 2 个，姜 10 克，蜂蜜 15 毫升，冷开水 200 毫升

做法

❶ 将橘子剥皮，掰成小块；姜洗净，切成片；将小块橘子、姜、冷开水放入榨汁机内榨成汁倒入杯中。

❷ 加入蜂蜜拌匀即可。

小贴士

橘子含有一种叫柠檬酸的酸性物质，可以预防动脉硬化、解除疲劳，经常食用除对健康有益外，还能长葆青春。

另一做法

加入西瓜，味道会更好。

芒果茭白牛奶

原料

芒果 2 个，茭白 100 克，柠檬 1/2 个，鲜奶 200 毫升，蜂蜜适量

做法

❶ 将芒果洗干净，去掉外皮、去子，取果肉；茭白洗干净，切段备用；柠檬去皮，切成小块。

❷ 将芒果、茭白、鲜奶、柠檬、蜂蜜放入搅拌机内，打碎搅匀即可。

小贴士

茭白含水量较少，可以将其置于阴凉处保存 1 周左右。

另一做法

加入冰块，味道会更好。

桔梗苹果胡萝卜汁

原料

桔梗1根，苹果汁50毫升，胡萝卜1根

做法

❶ 把桔梗、胡萝卜洗净，切成小块。

❷ 把桔梗、胡萝卜、苹果汁倒入果汁机内，搅打均匀即可。

小贴士

购买桔梗时，应选择条粗均匀、坚实、洁白、味苦的；桔梗榨汁前，要先用温水浸泡一下。

另一做法

加入柠檬，味道会更好。

香瓜蔬果汁

原料

香瓜 200 克，包菜 100 克，西芹 100 克，蜂蜜 30 毫升

做法

① 香瓜洗净去皮，对半切开，去子，切块。
② 西芹洗净，切段；包菜洗净，切片。
③ 将所有的原料倒入搅拌机内打匀即可。

小贴士

　　香瓜含有苹果酸、葡萄糖、氨基酸、维生素 C、甜菜茄等丰富的营养素，对感染性高烧、口渴等，都具有很好的疗效；榨汁前要将香瓜的子去干净，以免口味不佳。

另一做法

　　加入白糖，味道会更好。

樱桃西红柿汁

原料

西红柿 1/2 个，柳橙 1 个，樱桃 300 克

做法

① 将柳橙对半剖开，榨汁。
② 将樱桃、西红柿切小块，放入榨汁机榨汁，以滤网去残渣，和柳橙汁混合搅拌均匀即可。

小贴士

　　樱桃的含铁量特别高，常食樱桃可补充体内对铁元素的需求，促进血红蛋白再生，既可防治缺铁性贫血，又可增强体质、健脑益智；樱桃要洗干净再去掉蒂，或可用剪刀剪去蒂。

另一做法

　　加入白糖，味道会更好。

牛蒡水果汁

原料
柠檬1/2个，葡萄100克，梨1个，牛蒡60克，冰块少许

做法
❶ 将柠檬洗净，切块；葡萄洗净；梨去皮、核，切块；牛蒡洗净，切条。
❷ 将柠檬、葡萄、梨、牛蒡放入榨汁机榨成汁，加入冰块即可。

小贴士
　　柠檬不但榨成果汁饮用美容效果显著，柠檬水还可以当收敛剂用，早上用柠檬水擦在脸上，让其在脸上停留10分钟，然后用温水洗掉，可以防止皮肤松弛。

另一做法
　　加入苹果，味道会更好。

蜜枣桂圆汁

原料
干桂圆30克，枸杞子10克，水600毫升，胡萝卜、蜜枣、白糖、冰块各适量

做法
❶ 干桂圆、枸杞子洗净；胡萝卜去皮，切丝；蜜枣洗净。
❷ 将上述原料与白糖倒入锅中，加水煮至水量剩约300毫升熄火，静待冷却。
❸ 倒入榨汁机内，加冰块搅打成汁即可。

小贴士
　　桂圆具有壮阳益气、补益心脾、养血安神、润肤美容等多种功效，多吃桂圆对女人的身体较好，能使女性肌肤白里透红，气色也佳。

另一做法
　　加入莲子，味道会更好。

牛奶蔬果汁

原料

苹果1个，油菜100克，牛奶适量

做法

❶苹果洗净，去核，切小块；油菜洗净，卷成卷。

❷将油菜、苹果放入榨汁机中榨成汁，再加牛奶搅匀。

小贴士

　　吃苹果既能减肥，又能帮助消化，且苹果中含有多种维生素、矿物质、糖类、脂肪等，是维持大脑功能所必需的营养成分；若想提高牛奶浓度，可放入冰箱，出现浮冰时将冰取出，反复几次即可。

另一做法

　　加入冰块，味道会更好。

干百合桃子汁

原料

干百合20克，桃子1/4个，李子2个，牛奶200毫升

做法

❶将桃和李子去皮，去核；干百合泡发后，入沸水中焯一下。

❷将桃子、李子切成适当大小的块，和干百合、牛奶一起放入榨汁机中搅打成汁，滤入杯中即可。

小贴士

　　百合洁白娇艳，鲜品富含黏液质及维生素，对皮肤细胞新陈代谢有益，常食用有一定美容作用；油性皮肤的人多饮用此果蔬汁对皮肤特别好；干百合榨汁前用温开水泡发，效果更佳。

另一做法

　　加入盐，味道会更好。

红豆香蕉酸奶汁

原料

小红豆 50 克，香蕉 1 根，酸奶 200 毫升，蜂蜜少许

做法

1. 将小红豆洗净，入锅煮熟备用；香蕉去皮，切成小段。
2. 将所有原料放入搅拌机内打汁即可。

小贴士

小红豆富含维生素 B_1、维生素 B_2、蛋白质及多种矿物质，有补血、利尿、消肿、促进心脏活化等功效；红豆以豆粒完整、颜色深红、大小均匀、紧实皮薄者为佳。

另一做法

加入梨，味道会更好。

芝麻香蕉牛奶汁

原料

芝麻酱 15 克，香蕉 1 根，鲜奶 240 毫升

做法

1. 将香蕉去掉外皮，切成小段，备用。
2. 将所有原料放入搅拌机内搅打 2 分钟即可。

小贴士

香蕉几乎含有所有的维生素和矿物质，食物纤维含量丰富，其所含的维生素 A，能有效维护皮肤毛发的健康，对手足皮肤皲裂十分有效，而且还能令皮肤光润细滑；香蕉还能减轻心理压力、解除忧郁、令人快乐开心；睡前吃香蕉，还有镇静的作用。

另一做法

加入柠檬，味道会更好。

豆芽柠檬汁

原料

豆芽 100 克，柠檬汁适量，冷开水 300 毫升，蜂蜜适量

做法

① 将豆芽洗净，备用。

② 将豆芽、冷开水及柠檬汁放入榨汁机中榨成汁，再加入蜂蜜，搅拌均匀即可。

小贴士

　　豆芽富含膳食纤维，是便秘患者的健康蔬菜，有预防食道癌、胃癌、直肠癌的功效；豆芽的热量很低，水分和纤维素含量很高，常吃豆芽，可以达到减肥的目的。

另一做法

　　加入白糖，味道会更好。

胡萝卜草莓汁

原料

胡萝卜 100 克，草莓 80 克，冰糖少许，柠檬 1 个

做法

① 将胡萝卜洗净，切成可放入榨汁机的块；草莓洗净，去蒂。

② 将草莓放入榨汁机榨汁，胡萝卜、柠檬也一样压榨成汁，再加入冰糖即可。

小贴士

　　草莓有益气养血之效，与胡萝卜一起榨成果汁饮用，美容效果更佳；榨汁前先将草莓洗净，然后摘除蒂，榨出的汁味道较好。

另一做法

　　加入牛奶，味道会更好。

草莓双笋汁

原料

草莓 8 颗，芦笋、莴笋各 1 根，水 200 毫升

做法

❶ 将草莓去蒂洗净，对切；将芦笋洗净，切成块状；将莴笋去皮洗净，切成块状。

❷ 将准备好的草莓、芦笋、莴笋和水一起放入榨汁机榨汁。

小贴士

　　草莓的吃法比较多，常见的是将草莓冲洗干净，直接食用，或将洗净的草莓拌以白糖或甜牛奶食用，风味独特，别具一格。

另一做法

　　加入蜂蜜或者白糖，味道会更好。

香瓜蔬菜蜜汁

原料

香瓜 1/2 个，紫甘蓝 2 片，芹菜 1/2 根，水 200 毫升，蜂蜜适量

做法

❶ 将香瓜去皮去瓤，切成块状；将紫甘蓝洗净，切成丝；将芹菜洗净，切成块状。

❷ 将香瓜、紫甘蓝、芹菜和水一起放入榨汁机榨汁，再在榨好的果汁内加入适量蜂蜜搅拌均匀即可。

小贴士

　　香瓜的热量适合运动量少而有减肥需求的年轻白领一族。

另一做法

　　加入苹果，味道会更好。